KB266062

오늘을 다르게 살고 싶어서,
공간을 바꿉니다

한 그루의 나무가 모여 푸른 숲을 이루듯이
청림의 책들은 삶을 풍요롭게 합니다.

집을 나만의 에너지 충전소로 만드는 법

오늘을 다르게 살고 싶어서, 공간을 바꿉니다

윤주희 지음

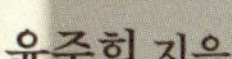

청림Life

공간을 돌보는 일은,
결국 나를 돌보는 일이었다

어느 날, 나는 한 통의 상담 전화를 받고 한 여성의 집을 방문하게 되었다. 문을 열고 들어선 순간, 이미 입구에서부터 복잡하게 얽힌 삶의 흔적들을 마주했다. 통로를 가로막은 물건들, 발 디딜 틈 없는 공간, 그리고 그 모든 풍경 속에 녹아든 묘한 무게를 지닌 공기까지. 하지만 놀랍지는 않았다. 그녀의 솔직한 마음은 이미 전화 상담 때 들었으므로.

그녀는 마흔을 넘겨 아이를 낳은 엄마였다. 출산 이후 찾아온 깊은 우울감 속에서 집안일은 물론 일상조차 제대로 살아 내기 어려웠다고 했다. 그러던 어느 날 문득 이런 생각이 들었더랬다. 아무리 힘들어도 이 공간만큼은 변화시켜야 한다는 것. 적어도 자신의 딸이 쓰레기장 같은 방에서 잠드는 일은 막아야 한다는 작지만 절실한 각성이 그녀를 변화의 길로 이끌었다. 딸아이의 방에는 침대와 책상이 있었지만 그것이 무엇인지 알아볼 수조차 없을 만큼 물건들에 덮여 있는 상태였다. 특히 세탁 전인지 후인지 알 수 없는 옷들이 산처럼 쌓여 있는 침대 위 풍경은 보는 이의 마음을 절로 무겁게 했다. 그녀는 그날 처음, 자신의 삶을 바꾸기 위한 첫 시도로 '공간'이라는 존재를 바라볼 수 있었다.

정리와 변화의 시간을 거친 후, 그녀는 눈물을 흘렸다. 단순히 집이 깨끗해져서가 아니었다. 오랫동안 자신을 괴롭혀 온 죄책감, 미안함, 포기하고 싶었던 마음들, 그리고 그 모든 괴로운 감정 위에 고개를 내밀기 시작한 작은 희망 때문이었다. 딸에게 더 나은 공간을 만들어 주고 싶었던 마음이 결국은 자신에게도 치유와 회복의 시간을 안겨 준 것이다. 나는 그날 그녀를 보며 다시금 확신했다. 공간은 단순한 물리적 배경이 아니라고. 그곳은 우리가 살아가는 방식 그 자체를 보여 주며, 우리의 감정을 좌지우지하기도 하는 등 결국 우리의 마음과 삶을 비추는 거울과 다름없다고.

공간 안에는 기쁨과 슬픔, 사랑과 두려움, 고요함과 혼란이 나란히 공존한다. 우리가 사용하는 물건, 우리가 걷는 동선, 그리고 우리의 눈길이 머무는 곳마다 우리의 기억과 존재가 스며든다. 이렇듯 공간을 정리하고 가꾸는 일은 단순한 행위 이상의 의미를 지닌다. 그것은 나 자신을 마주하는 일, 내 삶을 재정비하는 일, 그리고 앞으로 나아가기 위한 다짐이기도 하다.

결국 공간을 돌보는 일은 곧 나를 돌보는 일이다. 불필요한 물건을 비워 내고 필요한 것들을 자리에 놓는 그 단순한 행동 속에서 우리는 자신에게 가장 필요한 질문을 던지고 또 가장 솔직한 답을 발견하게 된다. 이 책은 그런 이야기이다. 무너진 마음을 다시 일으킨 공간, 상처받은 기억을 위로한 자리, 그리고 나를 다시 사랑할 수 있게 해 준 나만의 작은 세계에 관한 이야기이다. 이제 당신의 공간을 들여다보기를 바란다. 그곳에 나의 마음이 있고, 나의 미래가 있으며, 그리고 나 자신이 있다.

Contents

Layer 1.
우리가 공간에 대해 잘 몰랐던 사실들

Layer 2.
나를 회복시켜 주는 가장 사적인 공간, 집

Layer 3.
나만의 리커버리 스페이스 만들기

Layer 1.

우리가 공간에 대해
잘 몰랐던 사실들

우리는 매일 공간과 마주하고 공간을 지나간다. 그러나 우리가 매일 마주하는 공간은 단순히 지나가는 장소가 아니다. 공간은 우리 마음과 몸, 여러 감각과 기억을 직접적으로 자극하고 때로는 회복시키는 심리적 장치의 하나이다. 매일 지나는 출근길 광장, 매일 앉아 바라보는 창가, 우리 집 정원, 병실의 창가, 사무실 내에 있는 회의실, 도서관의 테이블까지도 그렇다. 공간의 크기와 형태, 빛과 질감, 동선과 재료들은 우리의 심리와 행동에 영향을 준다. 그럼에도 우리는 공간을 (제대로) 의식하며 살아가는 일에 익숙하지 않다. 대부분은 공간을 단순히 머무는 곳으로만 여기거나 그 기능과 미적 요소 차원에서만 바라보고 판단한다.

그러나 회복이라는 관점에서 공간을 바라보면 그 의미와 가치는 훨씬 분명해진다. 공간은 우리가 몰입하고 휴식을 취하며 감정을 정리할 수 있는 심리적 위로의 장소가 되어 주기 때문이다. 그렇다면 자연스럽게 마주하는 공간이 어떻게 우리의 몸과 마음의 리듬을 조절하는 도구가 되어 주는 걸까?

공간과 심리, 그리고 행동의 변화를 연구한 많은 학자와 건축가들은 설계 과정에서 늘 이 지점을 고민해 왔다. 덕분에 지금 우리는 자연광이 들어오는 높은 천장이나 부드러운 곡선의 계단, 바람이 잘 통하는 창문, 따뜻한 질감의 마감재, 테이블의 형태, 빛이 들어오는 각도 같은 일견 사소해 보이는 차이가 사람들의 대화와 협력, 심리적 안정감에 큰 변화를 일으킬 수 있음을 알게 되었다. 이렇듯 공간은 자기만의 언어로 우리를 설득하고 움직이며 때로는 치유한다.

세상의 모든 공간에는 저마다의 이야기가 깃들어 있다. 우리는 그 안에서 크고 작은 회복의 순간을 경험하게 된다. 이 장에서는 우리가 놓쳐 왔던 공간의 힘을 탐색하고, 공간을 통해 자신을 읽는 법과 삶의 변화를 이끌어 내는 법을 함께 살펴보고자 한다.

우리는 왜 어떤 공간에
마음이 끌릴까?

아무 생각 없이 앉아 있는데 괜히 편안해지는 곳이 있다. 반대로 특별히 나쁜 기억이 있는 것도 아닌데 왠지 불편한 공간도 있다. 실제로 심리학자들은 공간 그 자체에 힘이 있다고 말하며 다양한 연구를 진행 중이다. 뉴로아키텍처*neuro-architecture* 연구에 따르면, 어떤 공간의 형태와 분위기를 보고 우리 신경계가 반응을 시작하는 데는 0.25초도 걸리지 않는다고 한다. 이때의 반응은 유년기의 경험, 성격 특성, 그리고 심리적 욕구에 따라 달라진다. 누군가는 햇살이 잘 드는 창가에 앉으면 기분이 좋아지고, 누군가는 조용한 구석 자리에서 마음이 편안해진다. 누군가는 탁 트인 복층 공간에서의 개방감을 선호하고, 누군가는 작고 아늑한 공간에 마음이 가기도 한다. 게다가

"

이는 항상 고정된 것이 아니라, 그때그때 달라질 수 있다.

환경심리학자인 어윈 올트먼*Irwin Altman*은 개인 공간과 프라이버시 사이에 어떤 상관관계가 있는지를 연구했는데, 해당 연구에 따르면 우리 인간은 자신의 상황에 따라 접근성을 조절하면서 프라이버시를 관리한다고 한다. 즉, 어떤 날은 열린 공간에서 타인과 연결되기를 원하고 또 어떤 날은 작은 은신처에서 고립되기를 원한다는 것이다. 이때의 공간은 단순한 배경이 아니라 우리 자신의 심리적 상태를 드러내는 거울이라 할 수 있다.

이렇듯 내가 어떤 공간을 좋아하는지 알면 내가 지금 무엇이 필요한지도 알게 된다. 공간이란 단지 눈으로 보는 풍경이 아니다. 그 안에 있는 공기의 흐름, 빛의 방향, 소리의 밀도, 동선의 유연함 같은 무형의 요소, 그리고 그 속에서 이루어지는 사람들과의 상호작용 모두가 공간이란 개념에 포함될 수 있는 것이다.

공간이 주는 감정을 이해하려면 먼저 내가 어떤 공간에서 편안함을 느끼는지 기록해 보는 것도 좋다. 그 순간의 환경요소인 빛, 온도, 소리, 색감, 냄새, 그리고 나의 심리 상태를 함께 적어 두면 내 안의 '감정 지도'가 완성된다. 그 지도는 단순한 취향의 목록이 아니라 지금 내 마음이 필요로 하는 정서를 알려 주는 나침반이 된다. 예를 들어 요즘 자꾸 햇살이 드는 공간에 끌린다면, 지금 당신에게는 활력과 개방감이 필요하다는 신호일 수 있다. 반대로 어두운 조명과 포근한 가구에 이끌린다면 안정과 회복이 절실한 시기일지도 모른다. 어떤 공간에 마음이 계속 끌린다면 이는 단순한 우연이 아니다. 그곳에는 지금 당신이 필요로 하는 정서적 자원이 있다. 공간을 느끼는 감각은 곧 자기 자신을 이해하는 감각과도 다름없다. "왜 나는 여기가 좋을까?"라는 질문 속에는, 지금 당신이 원하는 삶의 방향과 회복의 실마리가 숨어 있다.

공간을 설계하는 사람들이 바꾼 것들

삶을 바꾸는 건 결국, 공간이다

어느 초등학교 복도에 창문이 하나 더 생겼다. 단지 그뿐이었다. 하지만 아이들의 불안감은 눈에 띄게 줄었고 수업 집중도는 높아졌다. 이유는 햇살 때문이었다. 햇살은 단순한 태양복사열이 아닌 심리적 안정감에 영향을 미치는 생리적 자극 요소이다. 미국의 환경심리학자 스티븐 캐플런*Stephen Kaplan*의 '주의회복이론*Attention Restoration Theory*'에 따르면, 자연광과 자연 요소는 인간의 스트레스 반응을 줄이고 주의력을 회복시킨다고 한다. 한 줄기 빛이 학습환경에 최적화되도록 아이들의 교감신경을 진정시키고, 뇌의 각성도를 조절해 준 것이다.

이런 예는 우리 주변에서 수도 없이 찾아볼 수 있다. 한 병원의 경우, 로비에 있는 의자의 배치 방향을 바꿨다. 이전에는 환자들이 일렬로 벽을 바라보고 앉았지만, 의자를 사선으로 배치해 환자나 보호자들이 서로 눈을 마주치지 않도록 바꾼 것이다. 그 결과, 환자들의 대기 스트레스가 크게 줄었고 의료진에 대한 전반적인 신뢰도까지 상승했다. 이는 사회심리학에서 말하는 개인 공간*Personal Space* 개념과 맞닿아 있다. 인간은 낯선 사람과의 시선 충돌이나 지나치게 가까운 거리감에 불안을 느끼는데, 공간 설계자가 이를 알아채고 공간

을 재조정하자 사람들의 감정이 즉각적으로 변한 것이다.

디자인 심리학에서는 이런 변화를 환경–행동 연쇄*Environment-Behavior Chain*라고 부른다. 공간이 감정을 바꾸고, 감정이 행동을 바꾸며, 행동이 결국 삶을 바꾼다는 것이다. 색감, 조명, 동선, 구조, 소리, 공기까지 이 모든 요소가 우리 인간의 심리적 흐름을 만든다. 그리고 좋은 설계는 이 흐름이 회복과 성장 쪽으로 자연스럽게 이어지도록 돕는다. 이를테면 상담실을 설계할 때는 의자의 높이와 간격, 조명의 온도, 창문의 위치까지 세심히 조정하게 되는데, 이유는 간단하다. 상담자의 긴장을 완화해 시선이 내리깔리지 않도록 하고 그와 동시에 안정감을 주기 위해서이다. 은은한 간접조명, 창문을 통해 들어오는 햇살이 이 모든 걸 가능하게 만들어 준다. 요즘 들어 공간이 주는 치유에 대한 관심이 높아지고 있는데, 심리상담실, 명상 공간, 회복 및 리셋을 위한 휴게 공간 등 이 모든 공간의 공통점은 인간의 '심리적 회복 곡선'을 고려한 설계에 있다.

우리는 종종 예쁜 공간에 반하지만, 정작 우리의 삶을 바꾸는 공간은 예쁘기만 한 공간이 아니다. 우리를 이해한 공간, 우리의 감정을 미리 알고 준비해 둔 공간, 우리의 행동과 리듬을 고려해 설계된 공간들이야말로 우리를 변화로 이끈다. 그런 의미에서 건축가, 인테리어 디자이너, 공간 큐레이터 등은 단지 공간을 꾸미는 사람들이 아니다. 그들은 인간의 행동과 감정을 설계하는 사람들이며, 그들이 만들어 낸 공간 속 변화는 자연스럽게 우리의 삶을 바꿔 나간다.

이제 우리 주변의 공간을 다시 떠올려 보자. 우리가 매일 드나드는 집, 사무실, 카페, 병원, 학교⋯ 이곳들은 단순히 생활하는 공간이 아니라 내가 어떻게 살고 있는지를 보여 주는 곳이며, 또한 앞으로 어떻게 살고 싶은지를 담는 곳이기도 하다. 사람은 공간을 이용하지만 실제로는 그 공간에 의해 위로받고 변화되며 다시 살아갈 힘을 얻는다. 물론 우리 모두가 전문가일 필요는 없다. 하지만 최소한 내가 머무는 공간이 나에게 어떤 영향을 주는지는 알고 있어야 하지 않을까? 나는 왜 그 자리에 계속 앉아 있는가? 왜 그 방만 들어가면 답답해지는가? 왜 어떤 공간에선 창의력이 풍부해지고, 어떤 공간에선 피로해지는가? 이 질문에 답할 수 있다면, 비로소 우리는 우리 삶의 작은 건축가가 된 것이다. 공간은 단지 외부 세계가 아니다. 공간은 내 감정의 바탕이자, 내 인생의 리듬을 설계하는 배경이다. 그리고 그 공간은 이 세상에서 그 누구보다도 나를 잘 아는 '나 자신'만이 가장 정직하게 만들어 갈 수 있다.

세상 모든 공간에는 이야기가 있다

공간이 기억하고 있는 것들

누군가에게는 병실이 마지막 인사를 나눈 곳일지도 모른다. 엄마의 손을 꼭 잡았던, 그 짧고 긴 순간이 바로 그곳에 담겨 있다. 또 다른 누군가에게는 다락방이 첫 꿈일지도 모른다. 좋아하는 인형을 품에 안고, 세상을 마음껏 상상하던 어린 시절의 순수함을 묻어 둔 곳 말이다.

공간은 단순한 장소에 그치지 않는다. 그 안에는 늘 사람의 시간이 들어 있다. 벽에 걸린 낡은 사진 액자, 빛이 바랜 커튼, 문고리에 남은 오래된 손자국, 책상 서랍 깊숙이 들어 있는 편지 한 장. 이 모든 것들은 누군가의 시간이 지나간 증거이고, 공간은 그 시간을 고스란히 품은 기억의 그릇이 된다.

심리학에서는 공간의 이 같은 힘을 두고 '기억 자극'이라고 설명한다. 사람은 떠나고 시간은 흐르지만 공간은 그저 그 자리에 남아 있다. 특정한 냄새, 빛, 구조, 색감, 심지어 가구 배치 하나에도 우리는 잊고 지내던 감정과 기억을 다시 떠올리게 된다. 그렇기에 공간은 결코 중립적이지 않다. 공간은 누군가의 삶을 기억하고 그 기억은 누군가의 감정과 연결되어 있다. 그 안에는 울음, 웃음, 고요했던 침묵, 마음 깊숙이 숨겼던 말들이 스며들어 있다. 그래서 우리는 어떤 공간에 들어섰을 때 말로 설명할 수 없는 감정을 느낀다. 낯선 공간인데도 익숙하게 느껴지거나 특별한 이유도 없는데 차분해지거나 어딘지 모르게 뭉클해지는 것은 바로 공간에 새겨진 이야기의 조각들 때문인지도 모른다.

또한 공간은 그때의 나와 지금의 나를 연결하는 시간의 징검다리이기도 하다. 이 같은 연결이 시작되는 순간, 우리는 스스로를 이해하고 회복할 수 있는 내면의 힘을 발견하게 된다. 공간은 시계보다 정확하게 우리의 시간을 기억한다. 매일 밟던 현관문 앞의 발자국, 비 오는 날 창밖을 보며 울었던 소파의 위치, 함께 밥을 먹던 식탁 너머의 풍경들… 모든 순간이 공간에 녹아 있다. 그래서 우리는 어느 날 문득, 그 공간에 다시 서 보는 것만으로도 감정이 복원되는 경험을 한다. 그게 바로 공간이 가진 회복의 힘이다.

영화 〈인터스텔라〉(2014)는 공간이 지닌 이러한 시공간의 징검다리 역할을 놀라운 이야기로 보여 준 바 있다. 인류의 새 터전을 찾아 항성 간 여행을 떠난 우주 비행사(매튜 맥커너히)가 시공간이 어긋나 버린 딸에게 연락을 취할 수 있었던 유일한 통로는 다름 아닌 아버지의 '서재'이다. 둘은 시간축이 뒤틀려 만날 순 없다. 하지만 '공간'은 이를 가능케 한다. 아버지가 보낸 신호는 서재라는 공간에 있는 딸에게, 수십 년의 시차를 건너뛰어 결국 전해진다.

그런 판타지 같은 일이 벌어진 공간이 거대한 연구소나 정부의 기관이 아닌 누군가의 서재라는 사실이 흥미롭지 않은가? 개인의 기억이 담긴 사적 공간이 과거와 현재, 그리고 미래를 연결하는 시간의 관문 역할을 한 셈이다. 영화의 클라이맥스가 펼쳐진 아버지의 서

재는, 이처럼 공간이 지닌 스토리텔링 능력을 감동적으로 보여 준다. 더 놀라운 것은 이 서재가 영화를 위해 만든 세트가 아니라 크리스토퍼 놀란 감독의 자택 서재라는 사실이다. 아마 감독 또한 이 서재라는 '공간'에 앉아 시간의 징검다리를 넘나들며 과거 자신의 경험을 떠올리고, 어쩌면 미래의 자신에게서 아이디어를 얻어 이처럼 훌륭한 작품을 만든 건 아니었을까.

우리는 늘 공간을 지나간다고 생각하지만 공간은 결코 우리를 그냥 지나치지 않는다. 그곳에 내가 있었다는 것만으로도, 공간은 나의 이야기를 품고 있다. 그리고 회복은 그 이야기를 다시 더듬는 것에서 시작된다. 잊고 있던 다용도실을 정리하고, 오래된 주방 서랍 속 물건들은 질서 정연하게 정돈하고, 닫혀 있던 창문을 활짝 열어 바람을 들여 보는 일. 이는 단순히 공간을 정리하는 행위가 아니라 내 삶의 기억을 정돈하고 다시 받아들이는 과정이다.

당신의 삶은 소중하다. 그 안에 담긴 기억들 역시 마찬가지이다. 어쩌면 그 기억들은 아직도 어떤 공간 어딘가에 조용히, 그리고 정직하게 머물러 있다. 그것을 회피하지 않고 다시 마주하는 용기, 그리고 그 이야기를 다시 나의 언어로 써 내려가는 일, 그것이 바로 회복의 공간을 만드는 첫걸음이다.

자연을 공간에 들일 때

① 햇빛이 잘 드는 병실의 기적

1984년, 미국 펜실베이니아주의 한 병원에서 심리학자이자 환경디자인 연구자인 로저 울리히*Roger Ulrich*는 한 가지 흥미로운 실험을 진행했다. 그는 담낭제거수술을 받은 환자들을 두 그룹으로 나누어 한 그룹은 창문 밖으로 나무와 푸른 잔디가 보이는 병실에, 다른 그룹은 벽만 보이는 병실에 배치했다. 나머지 조건인 수술, 약물, 간호는 모두 동일한 조건으로 받게 했다. 과연 두 그룹 사이에 유의미한 차이가 있었을까? 놀랍게도 있었다. 창밖으로 나무와 푸른 잔디를 바라본 환자들은 그러지 않은 환자에 비해 진통제를 적게 사용했고 간호사를 부르는 횟수가 줄어들었으며 퇴원 속도도 빨랐다. 그저 창밖 풍경이 주는 시각적 경험만으로도 회복이 촉진된 것이다.

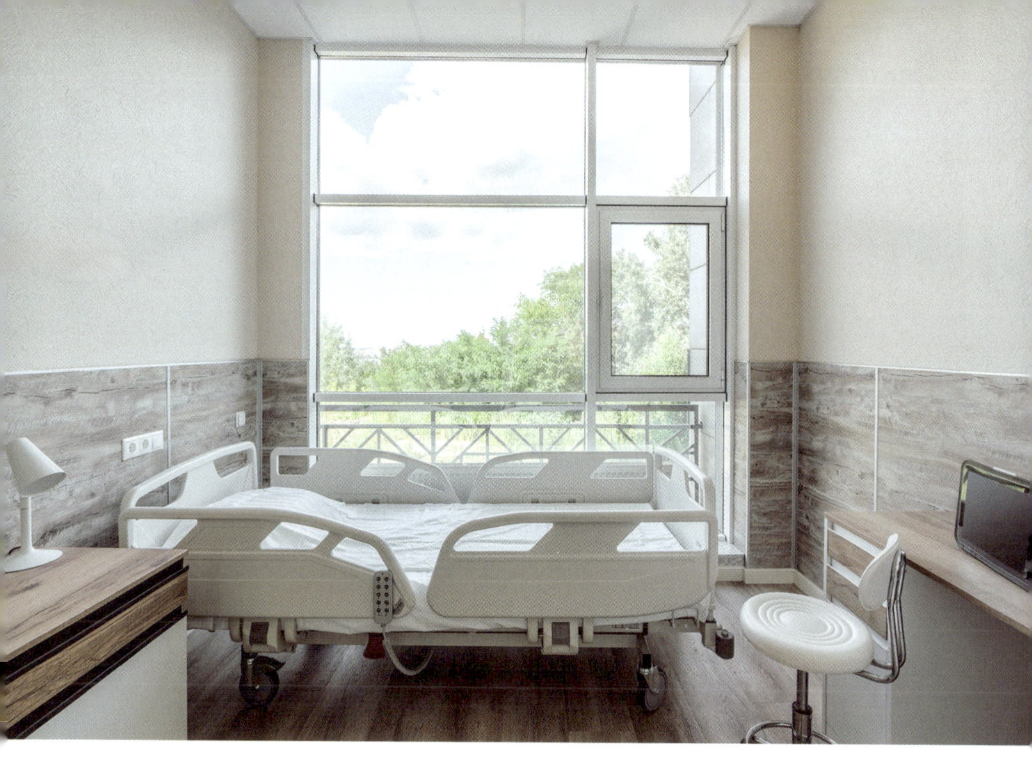

이 실험은 이후 전 세계의 병원 건축과 의료 디자인에 큰 반향을 불러일으켰다. '힐링 환경*healing environment*'이라는 개념이 의료계에 본격적으로 도입되는 계기가 되었고, 병실은 단순한 '치료 공간'을 넘어 '회복 공간'으로 설계되기 시작했다. 환자의 침대를 햇빛이 드는 방향에 배치하고 하얀 형광등 대신 따뜻한 색감의 조명을, 실내에는 식물을 배치하기 시작했으며 환기와 소음을 조절하는 설계가 늘어났다.

사실 그 이전에도 이와 유사한 주장은 꾸준히 제기되어 왔다.

플로렌스 나이팅게일은 1860년대에 '햇빛이 잘 드는 병실이 환자에게 더 좋다'라고 강조한 바 있고, 1877년에는 햇빛이 박테리아를 죽일 수 있다는 연구 결과도 발표된 바 있다. 심지어 1903년에는 스위스의 의사 오귀스트 롤리에가 알프스 산맥에 햇빛 치료 병원을 열기도 했다. 회복은 약물과 시술만으로 이루어지는 것이 아니라 사람이 숨 쉬는 공간 자체에서 시작된다는 사실을 깨달았기 때문이다.

최신 심리학과 뇌과학 연구는 빛이 인간의 생리와 심리에 미치는 영향을 좀 더 명확하게 보여 준다. 스웨덴 룬드 대학교의 연구에 따르면, 아침 햇살을 30분 이상 쬔 사람들은 수면의 질이 개선되고 우울감이 줄어들었으며 스트레스 호르몬인 코르티솔 수치가 안정화되었다고 한다. 미국 환경보호청EPA과 캘리포니아 에너지위원회의 공동연구에 따르면 자연광이 잘 드는 교실에서 공부한 학생들은 그렇지 않은 교실에서 공부한 학생보다 시험 성적이 평균 20~26퍼센트 정도 높았다고 한다. 왜 이런 차이를 보이게 되었을까? 햇빛은 멜라토닌과 세로토닌 분비에 직접적으로 영향을 주어 우리의 기분, 에너지, 수면 리듬을 조율해 주기 때문이다. 햇빛은 단순한 시각적 요소가 아니라, 우리의 생리와 감정을 동시에 조율하는 '무형의 스위치'인 셈이다.

햇빛이 주는 생리 및 심리적 효과는 우리의 일상 공간에서 다양하게 활용될 수 있다. 우울감과 무기력으로 인해 하루 대부분을 침대에서 보내던 지인이 있었다. 내가 그녀에게 제안한 단 하나의 변화는, 햇빛이 잘 드는 창가로 소파를 놓고 그곳에서 창밖 풍경을 바라보게 하는 것이었다. 그녀는 매일 아침 커피를 타 그 소파에서 마셨다. 그 시간이 처음엔 5분이었지만 곧 10분, 20분으로 늘어났다. 조용히 소파에 앉아 창밖을 바라보며 책을 읽고 생각을 정리하는 시간이 생기자, 하루의 시작이 '기다려지는 시간'이 되었다. 무기력이 완전히 사라진 건 아니었지만 새로운 날에 대한 마음이 바뀌었다. 공간이 바뀌면 이처럼 사람의 마음도 바뀌게 되는 것이다.

당신의 삶에 햇빛이 들어올 자리를 먼저 마련해 보라. 우울감이 깊어지고 무기력한 날이 이어지고 삶의 우선순위가 흐릿해질 때, 우리는 종종 목표를 세우는 일부터 시작하려 한다. 그러나 목표보다 먼저 해야 할 일이 있다. 그것은 햇빛을 내 삶에 들이는 일이다.

무늬를 공간에 새길 때

집 안에 들어오는 햇빛의 양이 많아질 때 회복 효과가 커지는 것과 마찬가지로, 또 하나 재미있는 연구 결과가 있다. 심리학과 환경디자인 연구에서 꾸준히 검증되어 온 바에 따르면, 자연의 패턴과 닮은 무늬를 자주 접할수록 우리의 마음은 조금 더 부드러워지고 회복탄력성을 갖게 된다.

하버드대 생물학자 에드워드 윌슨*Edward O. Wilson*은 1980년대에 바이오필리아*Biophilia* 이론을 제안한 바 있는데, 이 이론의 핵심은 인간은 본능적으로 자연을 선호하며 그 속에서 심리적 안정감을 느낀다는 것이다. 나무, 물, 식물, 바람의 소리, 햇빛과 같은 요소들은 단순한 '장식'이 아니라 인간의 신경계와 감정 회로를 조율하는 치유

도구가 된다. 실제로 녹지가 많은 지역에 사는 사람들은 그렇지 않은 사람보다 우울증 발병률이 낮고, 전반적인 삶의 만족도가 높다는 연구 결과도 있다. 그래서 요즘은 굳이 외부로 나가지 않아도 집 안에서 자연을 느끼려는 사람들이 늘고 있다. 거실에 큰 창을 내어 햇살을 최대한 들이고, 벽면에 목재나 식물 패턴을 연상시키는 벽지, 그림 작품 등을 장식하기도 하며 실제 식물을 키우거나 자연 소재의 가구를 배치하는 식으로 말이다.

바이오필리아가 자연에 대한 인간의 감정적 연결을 말한다면, 프랙털*Fractal*은 자연의 형태적 언어를 다룬다. 프랙털은 부분이 전체와 닮은 자기유사성*self-similarity*을 가진 구조로 구름, 나무, 강줄기, 산맥 등에서 발견된다. 수학자 브누아 망델브로*Benoit Mandelbrot*가 이를 명명했으며, 무한히 반복되는 패턴이 주는 안정감과 아름다움이 특징이다. 건축과 인테리어에서 프랙털 구조를 적용하면 사람들은 그 공간을 더 편안하게 느끼고 긍정적인 감정을 경험한다고 한다. 이는 뇌가 프랙털 패턴을 해석할 때 불필요한 에너지를 덜 소모하는 한편, 시각적으로 더 높은 만족감을 경험하기 때문이다.

프랙털 구조가 건축이나 인테리어에 활용된 대표적인 예로는 건물 외벽에 프랙털 패턴을 활용한 중국 베이징의 워터 큐브 수영장이나, 가구·조명·벽 장식에 반복 무늬를 사용하는 것을 들 수 있다. 흥미롭게도 이런 패턴은 영화나 사진예술에도 곧잘 활용된다. 2006년 처음 개봉하고 2025년 재개봉된 영화 〈더 폴*The Fall*〉은 CG를 거의 쓰지 않고 전 세계의 실제 장소를 촬영해 현실과 상상을 넘나드는 기하학적 공간을 미장센으로 구현했다. 사막에 설치된 계단 장면은 프랙털 구조의 화려함과 신비로움을 동시에 보여 준다. 그 장면을 보고 있노라면, 패턴에 대한 인간의 무의식적인 선호가 얼마나 강한지 깨닫게 된다.

**Layer 1. 우리가 공간에 대해 잘 몰랐던 사실들

우리는 종종 여행을 가야만 마음이 풀린다고 생각한다. 하지만 바이오필리아와 프랙털 구조의 원리를 이해하면 '회복의 여행지'를 집 안에 만들 수 있다. 햇살이 들어오는 창가에 커피 한잔을 두고, 그 옆에 프랙털 패턴이 들어간 패브릭 쿠션이나 러그를 놓아 본다. 이 작은 변화만으로도 우리의 뇌는 '이곳은 안전하고 편안한 장소'라고 인식할 수 있다. 미국 환경심리학 연구에 따르면 '자연광+반복 패턴'이 결합된 공간에서 머문 사람들은 그렇지 않은 사람에 비해 집중력과 창의성이 각각 15~20퍼센트 정도 높게 나타났다고 한다. 이는 직장뿐만 아니라, 취미를 향유하는 공간, 아이가 공부하는 공간에도 똑같이 적용될 수 있다.

공간이 우리를 치유하는 방식은 거창하지 않다. 창문을 통해 들어오는 빛, 나뭇잎 무늬가 그려진 벽지, 바람에 흔들리는 커튼… 이런 일상적이고 사소한 것들이 우리의 지친 몸과 마음을 풀어 준다. 햇살과 패턴은 단순한 장식이 아니라, 마음의 회복 장치이기 때문이다.

▲ 화려하면서도 편안한 프랙털 패턴들

프랙털 패턴을 모티프로 한 쿠션 커버 ▼

색상을 공간에 입힐 때

③ 분노를 잠재우는 색깔의 비밀

때로 자연은 수만 가지 색으로 기억되기도 한다. 당장 밖에 나가 고개를 돌리기만 해도 하늘의 파랑, 구름의 하양, 나무의 초록 등 찬란한 색의 향연을 만날 수 있다. 게다가 파랑이라고 해서 다 같은 파랑이 아니다. 비가 오기 직전의 흐린 하늘과 구름 한 점 없는 맑은 날의 파랑은 또 얼마나 다른가. 자연을 공간에 들인다는 건 이러한 색채의 향연을 내 공간으로 들이는 일이기도 하다.

색은 단순한 시각적 장식이 아니다. 색채심리학에 따르면 색은 우리의 지각, 감정, 행동에 직접적인 영향을 미친다. 이를테면 파란색은 안정감, 집중력, 신뢰감을 높인다. 노란색은 창의력과 에너지를 자극하며 붉은색은 심박수를 높이고 주의를 집중시킨다. 초록색은 긴장을 완화하고 회복을 촉진한다.

　　한때 미국과 캐나다의 일부 교도소에서 분홍빛 열풍이 분 적이 있다. 수감자들의 감정을 가라앉히고 공격성을 줄이기 위해 특수한 분홍색을 도입하는 실험이 진행된 것이다. 이 색은 우리가 흔히 떠올리는 부드러운 파스텔 핑크가 아니라 베이커밀러 핑크*Baker-Miller Pink*라는 공식 명칭을 가진 특별한 색이다. 이 실험은 1970년대 심리학자 알렉산더 샤우스*Alexander Schauss*의 연구에서 비롯되었다. 그는 색채가 인간의 생리적 반응과 감정에 미치는 영향을 탐구하던 중 특정한 분홍색이 심박수를 낮추고 근육의 긴장을 완화시켜 공격성과 충동을 줄이는 경향이 있다는 사실을 발견했다. 워싱턴주의 타코마 교도소에서 첫 번째 실험이 진행되었고, 교도소 벽을 베이커밀러 핑크로 칠하자 실로 놀라운 변화가 나타났다. 교도관들의 보고에 따르면 감옥 내 폭력 사건이 급감했고 수감자들의 표정과 말투가 한결 부드러워진 것이다. 그렇게 이 분홍색은 당시 해당 교도소의 교도소장 베이커*Baker*와 부소장 밀러*Miller*의 이름을 따 베이커밀러 핑크가 되었다. 실험 결과가 언론에 보도되면서 미국 전역과 캐나다 일부 교도소에 이 기적의 색이 칠해지기 시작했다. 심지어 일부 구치소에서는 체포된 사람을 수감하기 전에 잠시 이 색의 방에 머물게 해 초반의 공격성을 완화하는 용도로 쓰기도 했다.

　　색채가 가지고 있는 힘을 보여 주고자 한 샤우스의 실험은 색이 신경계와 자율신경 반응에까지 영향을 줄 수 있다는 사실을 증명

했다. 이는 20세기 중반에 제기된 감정과 인지 상호작용 이론*Emotion-Cognition Interaction Theory*과도 맞닿아 있는데, 이 이론은 시각적 자극이 감정 상태를 변화시키고 그 감정 변화가 다시 사고와 행동에 영향을 미친다고 설명한다.

그러나 색의 효과가 절대적인 것만은 아니다. 흥미롭게도 후속 연구에서는 이 색채 효과의 한계와 반전 현상도 보고되었다. 베이커밀러 핑크색 방에 장시간 수감된 수감자들이 오히려 짜증과 불안을 느끼기 시작했다는 것이다. 초기엔 심리적 긴장이 완화되지만, 시간이 지날수록 '부드러움'이 '억압'으로 바뀌는 경우랄까. 이는 색채 효과가 맥락, 노출 시간, 개인의 경험에 따라 달라진다는 사실을 보여 준다. 심리학자들은 이를 환경적 적응*Environmental Adaptation*이라는 개념으로 설명하는데, 이는 한마디로 특정 환경 자극이 처음에는 강하거나 긍정적인 방향으로 작용하지만, 시간이 지나면서 뇌가 이에 익숙해지면 반응이 약해지거나 반대로 부정적인 해석으로 전환될 수 있다는 것이다.

그렇다면 질문을 던져 보자. 당신의 방은 무슨 색인가? 그 색은 어떤 기분을 불러일으키는가? 혹시 겉보기엔 예쁘지만 그 속에 있는 당신은 늘 불편한 감정을 느끼진 않는가? 색은 공간을 위한 장식이 아니라 그 안에 사는 사람을 위한 언어여야 한다. 누군가가 원하는 분위기가 아니라, 내가 회복하고 싶은 감정을 담아야 한다.

마음이 너무 어두워졌을 땐 밝은 아이보리색을, 고된 일상에 피곤해졌을 땐 식물의 초록색을, 따뜻한 위로가 필요할 땐 살구빛이나 모카 톤의 색상을 가까이 두자. 벽지 한 장, 커튼 한 벌의 색이 생각보다 큰 차이를 만든다. 색은 말없이 내 기분을 조율하고 울퉁불퉁한 감정을 부드럽게 다듬는다. 창의적 아이디어가 필요하다면 공간을 노란색으로 채워 긍정적인 에너지를 끌어 올리자.

색은 공간의 표면에 불과할지 모르지만, 그 색을 선택하는 마음은 회복을 향한 내면의 움직임이다. 교도소의 분홍빛 실험이든 집안의 커튼 색깔이든 그 핵심은 동일하다. 색을 고르는 일은 단순한 인테리어가 아니라 '나는 이렇게 느끼고 싶다'라는 자기 선언과도 다름 없다. 당신이 매일 마주하는 색이 곧 당신의 감정을 빚어낸다.

공간은
관계를 이끄는 언어이다

둥근 테이블과 사각 테이블이 불러온 차이

희한하게도 어떤 회의실에 들어서면 시작도 하기 전부터 말이 잘 나오지 않는다. 주제가 어려워서도 참석자가 무서워서도 아닌데 공기가 무겁다. 반면 또 다른 회의실에서는 같은 사람, 같은 주제로 이야기를 나누는데도 대화가 술술 풀린다. 아이디어가 쏟아지고 웃음이 오가며 의견이 겹쳐도 기분이 나쁘지 않다. 도대체 왜 이런 차이가 생기는 걸까?

놀랍게도 이 차이의 시작은 테이블 모양 때문일 수 있다. 둥근 테이블에 앉으면 우리는 자연스럽게 서로의 눈을 바라본다. 모서리가 없는 구조는 경계심을 줄이고 중심이 모호한 원형 안에서는 위계보다 서로를 향한 교감이 먼저 자리를 잡는다. 반면 사각 테이블은

상석과 하석의 구분이 분명하다. 권위가 생겨나고 대화는 구조적이
되며 조심스러워진다. 미국의 심리학자 에드워드 홀*Edward T. Hall*은 이
를 사회적 거리감*social distance*의 일부로 설명한 바 있다. 사람 간의 물
리적 거리와 배치가 말투, 눈 맞춤, 대화 빈도, 심지어 호흡의 리듬까
지 바꾼다는 것이다.

Layer 1. 우리가 공간에 대해 잘 몰랐던 사실들

〈반사회적 공간Socio-fugal〉
개인 간의 상호작용을 차단하는 공간.

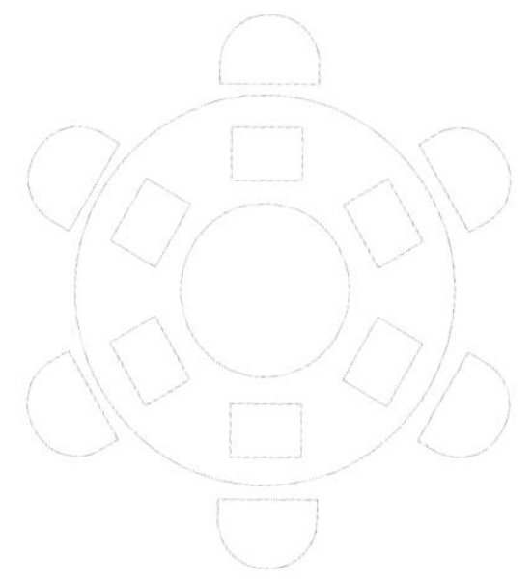

〈친사회적 공간Socio-petal〉
사람들을 한데 모아 상호작용을 원활하게
만들어 주는 공간.

1957년, 환경심리학자 오즈먼드*Humphry Osmond*는 공간의 구조를 두 가지로 나눈 바 있는데, 그는 이를 친사회적 공간*Socio-petal*과 반사회적 공간*Socio-fugal*이라 명명했다. 이 두 단어는 단순히 공간의 형태를 구분하는 개념이 아니라, 사람이 어떻게 마음을 열고 닫는지에 대한 심리적 메커니즘을 설명한다.

이 원리는 가정에서도 그대로 적용된다. 실제로 내가 공간 컨설팅을 할 때, 부부간의 대화가 줄고 자녀와의 소통이 단절된 듯한 가정에서 식탁 구조를 바꾼 사례가 여러 번 있었다. 테이블의 모양과 배치가 대화를 막고 있었던 것이다. 말이 줄어서 거리가 생긴 게 아니라 구조가 먼저 거리를 만든 경우였다. 그중 특히나 대화가 힘들어 보였던 가족이 있었다. 맞벌이 부부와 아이, 이렇게 세 식구가 지내는 집이었다. 부부가 맞벌이로 바쁘다 보니 세 식구가 만나는 건 일주일에 두세 번 저녁 식탁에서나 가능했는데, 그들이 나눈 대화라곤 하루 일정에 대한 보고가 전부였다. 아이는 자기 이야기를 꺼내기보다 스마트폰만 만지작거렸고 대화는 점점 형식적으로 변해 갔다.

상담 과정에서 나는 "식탁 모양을 바꿔 보세요. 아니면 의자 배치라도 바꾸는 게 좋아요. 거기에 더해 식탁 중간에 꽃병을 하나 놓아 보세요"라고 제안했다. 그들은 원목 사각 식탁 위에 둥근 러너를 깔고, 의자를 조금씩 돌려 앉아 서로 마주 보는 구조를 만들었다. 그 후 불과 일주일 만에 변화가 찾아왔다. 아들은 저녁 식사 때 먼저 학교 이야기를 꺼냈고 부부는 농담을 주고받았다. 공간이 대화의 물꼬를 터 준 것이다.

어떻게 이런 효과를 얻을 수 있었을까? 영국 브리티시 컬럼비아 대학의 심리학 연구(2015)에 따르면 원형 구조에서 사람들은 더 높은 수준의 협력 행동과 신뢰를 보인다고 한다. 원형 배치는 '우리'라는 인식을 높이고 사각 구조는 '나와 너'를 구분 짓는 경향이 있다. 이 때문에 규칙을 정하거나 질서가 필요한 상황에서는 사각 테이블이 더 효과적일 수 있다. 그러나 감정의 이완과 관계 회복이 필요한 순간이라면 둥근 테이블이 훨씬 효과적이다. 둥근 식탁에서는 자연스럽게 서로의 눈을 보며 대화를 시작할 수 있다.

우리는 종종 대화의 부재를 사람의 성격이나 관계 문제로만 생각하는 경향이 있다. 하지만 공간은 이것들보다 훨씬 이전부터 우리의 말투, 대화 패턴, 감정의 흐름을 결정짓고 있었을지도 모른다.
그러니 관계를 바꾸고 싶다면 먼저 공간에 변화를 줘 보자.

지금 나는 어떤 공간 속에서 살고 있을까?

공간은 마음의 자화상이다

공간은 우리 삶의 본질을 지켜 주고 세상으로 나아갈 힘을 얻게 해 준다. 그렇다면 이쯤에서 묻지 않을 수 없다. 지금 나는 어떤 공간 속에서, 어떤 집에서 살고 있을까? 하루에도 수십 번 드나드는 방, 눈에 익어서 더는 주목하지 않게 된 벽, 늘 같은 쿠션이 놓인 자리, 창밖에 펼쳐진 변화 없는 풍경… 혹시 이런 익숙함 속에서 문득 스스로에게 '요즘 나 왜 이러지?'라고 물은 적은 없는가?

심리학자 칼 융은 이렇게 말했다. "공간은 자아의 구조를 외부에 투사한 형태다." 우리는 생각보다 훨씬 자주 무의식적으로 자신의 마음을 공간에 투영한다. 정리되지 않은 물건들은 혼란스럽고 여유 없는 마음을 그대로 보여 준다. 지나치게 텅 빈 방 속에서는 공허감이 느껴지고, 어둡고 낮은 조명에는 피로한 감정이 숨어 있다. "언젠가 정리하려고요" "지금은 바빠서 신경 못 써요" 많은 사람들이 이렇게 말한다. 하지만 중요한 건 지금이다. 우리가 공간에 머무는 현재의 순간이 곧 우리의 삶이다. 공간을 대하는 우리의 태도가 지금의 나를 어떻게 대하고 있는지를 그대로 보여 준다.

미국의 동물행동학자인 캘훈*John Calhoun*의 '행동 과밀 실험*Behavioral Sink Experiment*'은 이를 잘 보여 주는 대표적인 예이다. 그는 가로세로 2.7미터의 공간에 쥐들이 살기 좋은 환경을 조성했다. 쥐들은 빠르게 번식해 2,200마리까지 개체수를 늘렸는데, 이를 기점으로 쥐들이 더 이상 새끼를 낳지 않고 공격적인 행동을 보이기 시작했다. 심지어 이로 인해 개체수가 줄어 공간이 다시 여유로워졌음에도 불구하고, 쥐들 사이의 사회적 단절은 그대로 이어져 더 이상 번식을 하지 않았다고 한다. 이는 인간에게도 동일하게 적용된다. 비좁고 정리되지 않은 공간은 무의식적으로 에너지를 소모하게 한다. 반대로 구조가 명확하고 나를 품어 주는 공간은 심신의 회복력을 높인다.

서른일곱의 마케터 민지 씨가 상담을 위해 나를 찾아온 적이 있다. 그녀는 바쁜 하루를 마치고 집에 돌아와 늘 같은 자리, 거실 창가에 놓인 1인용 의자를 찾는다. 그 옆에는 작은 스탠드 조명과 차가 식지 않도록 도와주는 머그 컵 받침대가 있다. 그곳에 앉으면 민지 씨는 세상에서 가장 사적인 시간에 들어선다. 아무도 방해하지 않는 고요함, 적당한 빛, 부드러운 음악, 그리고 창밖의 밤 풍경은 하루 종일 사람들과 의견을 맞추고 일정에 쫓기며 마음을 쓴 그녀의 정신을 제자리로 돌아오게 해 준다.

심리학 연구에 따르면 이런 개인 전용 회복 공간*Personal Recovery Space*은 스트레스 호르몬인 코르티솔 수치를 낮추고 감정 조절 능력을 회복시키는 데 도움을 준다고 한다. 단순히 아무 곳에서, 아무 시간에, 아무렇게나 휴식하는 게 아니라 뇌가 안전하다고 인식하는 공간에 스스로를 있게 해야 비로소 진정한 의미의 심리적 회복이 시작되는 것이다. 민지 씨에게 이 의자는 단순한 가구가 아니다. 하루의 끝에서 스스로를 다시 만나는 자리이다.

지금 당장 애써서 공간을 바꾸지 않아도 괜찮다. 공간을 다시 바라보는 일만으로도 변화는 시작되는 법이니까. 내가 왜 이 가구를 여기에 뒀는지, 왜 이 자리에만 앉게 되는지, 또 이 조명 아래에서 무슨 생각이 드는지를 되돌아보자. 이 작은 관찰이 내면과 외면을 잇는 회복의 실마리가 된다. 우리는 종종 '회복하려면 어딘가로 떠나야 한다'라고 생각한다. 하지만 가장 오래 머무는 공간이 '나를 닮은 공간'이 아니라면, 그 어떤 여행도 진짜 회복이 되기 어렵다. 회복은 먼 곳에서 오는 것이 아니라 지금 내가 있는 공간에서 시작된다.

공간이 바뀌면
내 삶도 변할까?

마음을 바꾸기 어려울 땐, 공간부터 바꿔 보자

살다 보면 이제는 정말 달라지고 싶다고 느끼는 순간이 온다. "이번엔 진짜로 변하고 싶어요" "지금처럼 살면 안 될 것 같아요" 이런 말들은 분명 진심이다. 하지만 좀처럼 행동이 마음을 따라와 주지 않는다. 왜일까? 우리는 변화가 의지와 계획에서 시작된다고 믿는다. 목표를 세우고, 루틴을 만들고 새로운 습관을 다짐한다. 하지만 중요한 질문을 하나 던져 보자. 그 모든 다짐을 하고 있는 지금, 나를 둘러싼 공간은 어떤 모습인가?

때로 변화는 의지가 아니라 공간에서 시작된다. 새로운 습관을 만들고 생각을 바꾸고 감정을 다잡는 일은 신체 및 정신적인 에너지를 필요로 하는 일이다. 반면 공간의 변화는 훨씬 간편하고 빠르다. 책상 위를 정리했을 뿐인데, 의자를 창가로 돌렸을 뿐인데, 침대 머리맡에 조명을 두었을 뿐인데, 우리는 조금씩 달라진다. 왜냐하면 공간은 우리의 행동을 이끄는 '환경 단서*Environmental Cue*'이기 때문이다.

미국의 환경심리학자 쿠르트 레빈*Kurt Lewin*은 '행동은 사람과 환경의 함수'라는 공식을 남겼다. 사람의 행동은 단순히 성격이나 의지의 문제가 아니라 그가 놓인 환경에 따라 달라진다는 것이다. 또한 심리학자 존 바그*John Bargh*는 자동화된 행동 연구에서 주변에 놓인 사소한 물건이나 환경의 변화가 우리의 행동을 무의식적으로 유도한다고 밝혔다. 예를 들어 현관 앞에 운동화를 꺼내 두면 운동할 확률이 높아지고, 침대 옆 협탁에 책을 두면 잠들기 전에 독서할 가능성이 커진다. 마찬가지로 식탁 위를 깨끗하게 비워 두면 가족 간의 대화가 자연스럽게 시작된다.

사람의 생각은 쉽게 바뀌지 않지만, 공간을 바꾸면 생각도 바뀔 수 있다. 이 말은 단순한 감상이 아니다. 우리의 감정과 행동은 루틴 속에 반복되고 루틴은 결국 공간 위에 세팅되어 있기 때문이다. 어두운 조명 아래에서는 우울한 생각이 반복되고, 답답한 구조 속에서는 몸과 마음이 경직되거나 늘어지는 법이다. 틈 없는 가구 배치 속에서는 당연히 숨이 막힌다. 반대로 햇빛이 드는 자리에 앉으면 마음이 확 트이고, 아무것도 없는 깨끗한 벽면 하나에 집중력이 되살아난다. 이는 결코 착각이 아니다. 가구를 옮기는 행위는 삶을 다시 구성하려는 무언의 결심이고, 물건을 정리하는 행위는 삶의 우선순위를 재배치하는 행동이다. 큰 변화가 아니어도 그 안에는 분명 달라지고 싶다는 인간의 마음이 담겨 있다. 이제 이렇게 말해도 좋겠다. '지금의 나는, 지금의 공간만큼 살아간다' '지금의 공간이 달라진다면 내 삶도 달라질 수 있다'라고. 크고 멀리 가지 않아도 된다. 변화의 시작은 지금 있는 그 자리에서 일어날 수 있다. 오늘, 책상 위 물건을 하나 덜어 보자. 그 작은 행동이 당신의 하루를 바꾸고, 그 하루가 당신의 삶을 바꾸는 첫 단추가 될 것이다.

회복을 부르는 공간 요소들

치유 환경 특성	정의	물리적 특징과 계획 방향 예시
쾌적성	청결하고 사용하기에 편리·편안함	• 활동의 내용에 맞는 공간 및 가구 배치 • 청결하고 위생적인 환경 • 소음, 온도, 조명, 공기 등 실내 환경의 질 확보
안전성	공간을 사용하거나 이동할 때 사고의 위험이 없고 안전함	• 핸드레일 등 이동 안전장치 설치 • 미끄럼방지 마감재, 날카롭지 않은 모서리, 보안장치 등으로 안전사고 예방
인지성	공간이나 목적지를 쉽게 판단 및 구별·인식할 수 있음	• 이해하기 쉬운 구성 및 규모로 공간설계 • 공간의 용도와 동선 체계를 단순화한 설계 • 길 찾기에 용이한 설계(랜드마크, 사인, 건물의 모양, 패턴, 색상 등)
접근성	공간이나 시설 등에 접근이 빠르고 쉬움	• 엘리베이터, 경사로 등 물리적 접근성 확보 • 시각적 접근성, 정보 접근성 확보

개방성	실내 공간 사이, 실내와 외부 공간 사이가 시각적·공간적으로 개방감이 있음	• 창문 및 발코니, 테라스 등을 통한 외부로의 조망 확보 • 자연 조망 확보 • 공간 사이의 개방감을 확보해 내부 혼잡 가능성 방지
자연 친화성	자연 요소를 직·간접적으로 경험할 수 있음	• 치유 정원, 산책로 등으로 가벼운 운동 유도, 원예 및 조경 활동 유도 • 자연채광, 새소리, 향기 등 청각, 후각, 촉각의 다감각 자극 • 자연의 형태와 패턴을 간접적으로 경험할 수 있는 기회 제공
심미성	사용자들이 아름다움을 느낄 수 있음	• 환경적 요소, 색채 등으로 심미적 공간 형성 • 예술, 장식품 등을 통한 심미성 구현
다양성	여러 가지 활동을 지원함	• 명상, 운동 등의 다양한 여가 활동을 지원하는 공간 확보 • 물리치료 등의 건강 지원과 교육, 문화, 컴퓨터 사용 등의 생활 편의 공간 확보
사회성	사회적 활동과 관계 맺음을 지원함	• 커뮤니티 환경 조성, 취미 공간 및 가족들 면회, 방문객용 공간, 정보 교류 공간, 대기 공간 확보
거주성	사용자들이 익숙함과 친근함을 느낄 수 있음	• 휴먼스케일의 친숙한 공간, 문화 활동을 고려한 공간, 시설보다는 집 같은 느낌의 환경과 가구를 확보, 친근하고 가정적인 느낌의 환경 조성
조절 가능성	환경적 요소를 사용자가 스스로 선택하고 통제할 수 있음	• 스스로 조절 가능한 냉난방, 빛·소음·열 환경 장치 확보, 혼잡을 피할 수 있는 은신처 제공 • 공간과 가구를 개인의 필요와 기호에 맞게 선택할 수 있게 함
독립성	남에게 간섭받지 않고 자유롭게 활동하거나 공간을 사용할 수 있음	• 혼자 있을 수 있는 개인 공간 및 개인 가구 같은 공간적 프라이버시 확보 • 1인실 계획 및 시선 분리 • 시각적 완충지대, 청각적 프라이버시 확보

Layer 1. 우리가 공간에 대해 잘 몰랐던 사실들

거시적 공간에서
가장 사적인 공간으로의 초대

　'공간'이라는 말은 때로 거대한 무언가를 떠올리게 한다. 공간이라는 말 속에서 우리가 사는 집을 곧바로 연결 짓지 못하는 까닭은, 아마 이 단어에 담긴 관념적 규모 때문일 것이다. 하루를 시작하는 순간, 우리가 발을 디디는 곳 대부분은 거시적 공간이다. 도시의 구조물과 거리, 건물의 배치는 효율성과 기능성을 위해 만들어졌고 우리는 그 질서 속에 자연스럽게 몸을 맞춰 살아가고 있다.

　하지만 이런 공간에서는 늘 '나'라는 존재가 희미해질 수밖에 없다. 누군가의 규칙 안에서, 다수의 흐름 속에서, 나만의 속도와 호흡을 유지하기란 쉽지 않다. 그럴 때 우리 몸과 마음은 본능적으로 더 작고 더 안전한, 더 '나다운 공간'을 찾고 싶어 한다. 도시의 큰길을 지나 골목으로 들어서고 복잡한 광장에서 벗어나 집 앞에 다다를 때, 우리의 몸은 이미 한 번의 변화를 느낀다. 그리고 현관문을 열고 집 안으로 들어오는 순간, 공공의 시선이라는 부담에서 벗어나 긴장이 풀린다. 그 짧은 이동은 마치 거대한 바다를 건너 안전한 항구로 귀환하는 여정과도 같다. 우리는 누구나 여기서 오는 안정감을 느끼며 살아간다. 심리학자들은 이를 '개인적 안전지대*Personal Safe Zone*'라고 부르는데, 이 공간은 외부 자극으로부터 나를 보호하고 내면의 회복력을 키우는 장소이다.

거시적 공간(사회, 직장, 조직)에서 미시적 공간(집)으로 이동하는 과정은 단순히 위치의 변화가 아니라 심리적 회복과 연결된다. 첫 번째 단계는 긴장 해제의 단계로, 집으로 돌아오는 순간 몸의 근육이 이완되고 심장박동이 안정된다. 두 번째 단계는 개인의 정체성이 회복되는 단계로, 사적인 공간 속에서 우리는 사회적 역할인 직장인, 부모, 자녀 등의 정체성을 잠시 내려놓고 '그냥 나'로 돌아온다. 그런 후 세 번째 단계에서 에너지를 충전한다. 익숙한 향기와 편안한 소리, 나만의 리듬이 다시 일할 힘과 살아갈 용기를 채워 준다. 이 회복 과정을 리추얼로 반복하면 단순한 휴식으로 끝나는 게 아니라 나를 발전시킬 재정비 단계로 나아갈 수 있다. 이를테면 집에 돌아와 바로 TV를 켜는 대신, 자기만의 사적인 공간에 잠시 앉아 하루를 정리하는 시간을 가져 보면, 오늘의 피로를 해소하고 내일을 위한 마음의 에너지를 충전할 수 있다. 이런 식으로 우리는 하루의 끝을 그냥 흘려보내는 게 아니라 스스로 꼭 쥐고 삶을 주도할 수 있는 것이다.

　영화 〈퍼펙트 데이즈〉(2024)는 초라하지만 자신만의 내밀한 세계에서 남부러울 것 없이 살아가는 한 개인의 심리를 섬세하게 보여 준다. 빔 벤더스 감독이 일본에서 찍은 이 영화는 도쿄의 공중화장실을 청소하는 남자 히라야마(일본 국민 배우인 야쿠쇼 코지가 해당 역을 맡았다. 이 작품으로 제76회 칸 영화제에서 남우주연상을 수상했다)의 극도로 미니멀한 삶을 통해, 거대한 것이 사라졌을 때 인생에서 가장 필요한 것이 무엇인지, 과연 그것은 견딜 만한 것인지 담담히 질문한다.

　영화의 주무대는 히라야마가 살고 있는 작은 집과 그의 직장인 공중화장실이다. 그의 하루는 믿을 수 없을 만큼 단순하다. 그는 작은 방에서 눈을 뜨고, 화초에 물을 주며, 비슷한 올드팝을 들으며 출근을 준비한다. 그가 사는 집은 작고 소박하지만 그 안에는 자신이 정한 분명한 질서와 루틴이 있다. 그는 도시의 복잡한 리듬 속에서도 자신만의 속도를 잃지 않는다. 히라야마에게 그 작은 집은 단순한 거처가 아니다. 그곳은 세상과 자신을 연결하는 심리적 완충지대이자 안에서 걸어 잠글 수 있는 단단한 성곽이다. 그가 하루의 시작과 끝을 보내는 이 방은 외부의 요구나 소음에서 벗어나 온전히 나 자신으로 존재할 수 있는 공간이다. 창가의 화분에 물을 주는 행위는 단순한 취미가 아니라 존재로서의 회복이자 돌봄의 루틴이다. 이는 심리학에서 말하는 '마이크로 루틴*Micro Routine*'과도 닮아 있는데, 삶의 균형을 되찾게 하는 이 작은 반복은 그가 매일 새벽 반복하는 일상 속

a film by WIM WENDERS
PERFECT DAYS
starring KOJI YAKUSHO

에서 완성된다. 하루의 시작과 끝을 같은 방식으로 맞이함으로써 그는 자신이 여전히 살아 있음을 확인한다. 그의 방에는 커다란 장식도 욕심도 없다. 하지만 그 안에는 의식의 깊이가 있다. 넓고 화려한 공간이 아니라, 작고 정돈된 공간이 사람의 마음을 지탱한다. 햇살이 비추는 작은 창, 물방울이 맺힌 화초, 깔끔히 접힌 수건 한 장이 그의 마음을 다시 세상으로 내보내는 회복의 징표가 된다.

영화의 마지막, 히라야마는 차 안에서 하늘을 올려다보며 눈물을 흘린다. 그의 하루가 완벽하지는 않을지 몰라도 그 안엔 완전함이 있다. 그가 발견한 '퍼펙트 데이즈'는 결코 거대한 성취가 아니라 자신의 공간에서 자기 리듬을 지켜 낸 '하루하루'에 다름 아니다. 결국 영화는 우리에게 이렇게 묻는다. "당신의 완전한 하루는 어디에서 시작되는가?" 거시적 공간에서 개인의 작은 방으로 들어오는 여정은 세상의 속도에서 나의 속도로 돌아오는 일이다. 그 여정의 끝에는 늘 조용히 우리를 기다리는 나만의 작은 공간이 있다. 그곳에서 우리는 하루의 피로를 내려놓고 다시 내일을 살아갈 마음의 힘을 충전한다. 그렇게 이 작은 공간(집)은, 우리 삶의 본질을 지켜 주는 가장 확실한 '리커버리 스페이스'가 된다.

Layer 2.

나를 회복시켜 주는
가장 사적인 공간, 집

공간은 단순히 우리가 머무는 배경이 아니라 마음을 회복시키고 관계의 결을 바꾸는 힘을 가지고 있다. 그렇다면 이제 이런 질문을 던져 볼 차례다. "내가 사는 집은 지금, 나를 어떻게 회복시키고 있을까?" 집은 우리가 세상 어디보다 오랫동안 머무는 공간이며 누구의 눈치도 보지 않고 나다운 모습으로 존재할 수 있는 곳이다. 집은 하루의 끝에서 마음을 정돈하고 다시 고요히 가라앉히는 첫 번째 회복의 장소이자, 내일을 살아갈 힘을 충전하는 작은 에너지 충전소이다.

또한 집은 나를 보여 준다. 집 안 구석구석 버리지 못한 물건 하나까지도 그 안에는 내가 어떤 사람인지, 어떤 마음을 간직하고 있는지가 고스란히 담겨 있다. 가족과 함께 산다면 집은 더 많은 감정과 기억들로 풍성해진다. 서로의 흔적과 취향이 어우러져 집은 단순한 공간을 넘어 함께 살아가는 이야기가 된다. 아울러 집은 기억을 간직하는 그릇이기도 하다. 손때 묻은 오래된 가구나 부모님에게 물려받은 익숙한 잔 하나만으로 나와 내 집의 기억이 이어져 있다는 안정감을 느낄 수 있다. 그래서 노년의 삶에서 익숙한 집을 떠나지 않고 살아가려는 '에이징 인 플레이스*Aging in Place*'는 더욱 절대적이다.

오늘날의 집은 빠르게 변화하고 있다. 거실이 곧 사무실이 되고, 침실이 작은 영화관이 되며, 베란다는 작은 정원이 된다. 어떤 사람은 집을 단순히 머무는 곳이 아니라 삶의 가치를 드러내는 공간으로 바꾸어 나가고 있다. 누군가는 미니멀리즘으로, 또 누군가는 반려동물과의 일상으로. 집의 모습은 달라도 그 안에 담긴 마음은 같다. 집은 언제나 우리를 다시 살아가게 하는 리커버리 스페이스이다.

이제부터 우리는 집을 조금 더 가까이 들여다볼 것이다. 집이 어떻게 나를 치유하는지, 집이 어떻게 나의 정체성과 기억을 품는지, 그리고 변화하는 시대 속에서 집이 어떻게 새로운 의미를 만들어 가는지를. 마지막에는 이렇게 묻게 될 것이다. "나는 어떤 집에서, 어떤 마음으로 살아가고 싶은가?"

몸과 마음을 치유하는 공간의 기능과 요소에 대해 살펴보는 동안, 우리를 둘러싼 수많은 공간, 그중에서도 집이라는 공간의 중요성에 대해 충분히 알게 됐을 것이다. 집은 단순히 몸을 눕히고 하루를 마무리하는 물리적인 장소 그 이상의 의미를 지닌다. 집은 가장 사적이면서도 우리의 심신에 가장 큰 변화를 일으키는 장소이다. 우리는 흔히 집을 '쉬는 곳' '안정된 공간'이라고 표현하지만, 집은 단지 고요함과 포근함만을 주는 공간이 아니라 삶의 리듬이 깃들고 감정의 결이 쌓이는 가장 내밀한 무대이기도 하다. 외부의 시선과 사회적 역할에서 벗어나 온전히 나로 존재할 수 있는 장소, 세상의 소음과 자극으로부터 나를 지키고 회복시키는 공간, 그것이 바로 집이다.

안전과 안정의 공간, 집

우리가 하루의 끝을 맞이하는 장소는 대개 집이다. 이유는 단순하다. 그곳이 '안전하고 안정된 장소'이기 때문이다. 집은 단지 사람이 거주하는 장소가 아니다. 잠을 자고 옷을 갈아입고 끼니를 해결하는 기능적 공간을 넘어서 우리 삶을 지켜 주는 안전장치이다. 타인의 시선을 의식하지 않고 내 몸과 마음을 내려놓을 수 있는 유일한 공간, 세상의 소음과 과잉 자극 속에서 한 발 물러나 있는 그대로의 나로 머물 수 있는 유일한 장소가 바로 집이다.

많은 이들과의 강연이나 상담 자리에서 나는 이렇게 묻는다. "당신에게 집이란 무엇인가요?" 처음엔 다소 추상적으로 느껴지는 질문일 수 있지만 놀랍도록 많은 사람들이 비슷한 대답을 한다. "쉴 수 있는 곳이요" "마음이 안정되는 곳이요"라고.

그러나 아이러니하게도 누군가에게 집은 가고 싶지만 가기 싫은 곳이 되기도 한다. 가장 편안해야 할 공간이 오히려 스트레스의 원인이 되는 경우다. 왜일까? 집의 안정감은 외형적인 구조보다는 그곳에서 지내는 사람의 생활과 삶에 최적화돼 있느냐에 따라 달라지기 때문이다. 그러므로 집이 안정적인 공간으로 느껴지기 위해서는 몇 가지 조건이 충족되어야 한다.

그 첫 번째 조건은 정돈된 가구 배치와 예측 가능한 동선이다. 사람은 자신의 리듬에 맞는 공간을 신뢰한다. 가구가 산만하게 흩어져 있거나 동선이 엉켜서 늘 돌아가야 한다면 그 자체가 불편함과 혼란을 부추긴다. 그다음 두 번째 조건은 시각적 자극이 적절히 조절된 환경이다. 너무 강렬하고 다채로운 색감, 밝기 등은 외부의 혼란에서 벗어나고자 하는 집의 본질을 훼손한다. 심리적으로 편안한 공간은 늘 차분한 색채와 온화한 조도, 적당한 여백이 있는 구조를 가지고 있다. 어디에도 부딪히지 않고 머무를 수 있는 여지, 그게 바로 심리적 안정감의 핵심이다. 마지막 세 번째 조건은 기억과 감정의 층이 쌓여야 한다는 것이다. 집은 단지 오늘을 살아가는 공간이 아니라 과거의 내가 머물렀고, 미래의 내가 돌아올 공간임을 잊어선 안 된다.

누구나 외롭고 불안한 날이 있다. 사회적 역할을 감당하느라 기진맥진한 날, 괜찮은 척하고 돌아온 날, 설명할 수 없는 공허함이 가득한 날… 그런 날에 우리가 향하는 곳은 단 한 곳, 바로 나의 집이다. 그 집이 나를 반기고 편안하게 맞아 주며 과거의 나와 오늘의 나를 동시에 품어 준다면, 비로소 그제야 집은 단순한 거주 공간을 넘어선 회복의 장소가 된다. 내가 누구인지 잊지 않게 해 주고 내일의 나를 다시 일으켜 세우는 심리적 플랫폼이 되는 것이다. 그리고 바로 그것이 우리가 집을 '안전과 안정의 공간'이라 부르는 이유다.

집, 나를 위로하는 가장 가까운 정서적 공간

우리는 본능적으로 안전하고 편안한 환경을 좋아한다. 밝고

탁 트인 공간에 있으면 시야가 넓어지고 혹시 모를 위험에도 미리 인지할 수 있는 까닭에 마음이 놓인다. 그런 한편 아늑하고 나를 감싸주는 듯한 공간에 있을 때는 마치 누군가에게 보호받는 듯한 느낌이든다. 이는 생존과 직결된 가장 기본적인 욕구이며 뇌 속 깊은 곳에 자리한 편도체가 위험을 감지하고 이에 반응하게 만드는 뇌의 작용과도 연결되어 있다. 그리고 이 같은 공간은 어릴 적 부모님이나 보호자 품에 안겨 있던 감각을 자연스럽게 떠올리게 하는 등 우리에게 정서적인 안정감을 준다.

이 감정의 근원은 소위 심리학에서 말하는 '애착 이론'과 연결된다. 어린 시절의 '안전기지'에 대한 경험은 뇌에 깊이 각인되는 까닭에 성인이 되어서도 그때의 기억은 공간을 통해 재현될 수 있다. 그때 느꼈던 따뜻함, 안정감, 그리고 자유롭게 뛰놀며 배우던 시간들. 이런 포용의 감각은 공간 속에서도 재현될 수 있다. 예를 들면 다락방처럼 작고 포근하게 둘러싸인 구조나 어릴 적 사용하던 인형이나 담요 같은 물건들이 주는 심리적인 안정감이 그렇다. 두꺼운 벽이나 안정감 있는 문, 외부의 시선을 막아 주는 커튼, 소음을 차단해 주는 구조들과 같은 물리적인 요소들도 사용자의 스트레스를 줄이고 심리적 에너지의 회복을 돕는다.

그러나 꼭 구조적인 요소만이 중요한 것은 아니다. 따뜻한 대화가 오가는 가족 간의 분위기, 나만의 취향과 추억이 담긴 소품들… 이런 것들도 공간을 더 포근하게 만들어 준다. 포용감은 '온기'로 느끼는 감정이기도 하다. 부드러운 촉감의 러그, 푹신한 쿠션, 따뜻한 이불, 햇살이 스며드는 창, 은은한 간접조명 같은 요소들이 어우러질 때 집은 단순한 공간이 아니라 마음을 감싸 주는 쉼터가 된다.

기억에 남는 일화가 있다. 교사로 일하던 한 남성이 강의가 끝나자 나에게 다가와 이렇게 말했다. "선생님, 오늘 강의를 들으면서 처음 알았어요. 제 집이 쓰레기 같은 곳이었단 걸요. 거기서 전 쉰 적이 없어요. 힐링은커녕 스트레스만 더 받고 있었죠." 그의 말은 격정적이었고, 동시에 굉장히 낯익은 진심이었다. 며칠 후, 그는 조심스럽게 자신의 집 사진을 SNS 메시지로 보내왔다. 무언가 하고 싶은 말이 있어 보였고, 그럼에도 차마 꺼내지 못한 말을 대신해 마음이 가득 담긴 사진을 보내온 것이다. 물건이 산처럼 쌓여 있고 어떤 용도로 사용하는 방인지도 알 수 없을 정도로 혼란스러운 모습이 담긴 사

진이었다. 하지만 나는 그 집을 보며 오히려 안도의 숨을 쉬었다. 이는 그가 드디어 자신의 민낯을 마주할 용기를 낸 것이므로.

　　사실 집이라는 공간은 우리가 얼마나 잘 살아 내고 있는지를 혹은 잘 살아 내느라 얼마나 애쓰고 있는지를 고스란히 드러낸다. 때로는 부끄럽게 때로는 자랑스럽게 말이다. 많은 사람들이 자신의 집이 자기에게 어떤 감정을 주는지 인식하지 못한 채 살아간다. 이는 우리가 한 번도 '집을 가꾸는 법'을 배운 적이 없기 때문이다. 물건을 어떻게 배치해야 편안한지, 어떤 조명이 나에게 안정감을 주는지, 어떤 향이 피곤한 몸을 달래 주는지와 같은 그 모든 감각들을 우리는 살면서 조금씩 체득해야 한다.

'나'를 닮은 공간

집과 나의 정체성

누구든지 한 번쯤은 이런 경험을 해 본 적이 있을 것이다. 남의 집에 초대되어 그 안으로 들어섰을 때, 공간 전체가 그 사람을 설명해 주는 듯한 인상을 받았던 순간 말이다. 그 사람의 취향, 리듬, 삶의 방식이 구석구석 배어 있는 집. 집은 그런 식으로 그곳에 살고 있는 사람에 대해 많은 것을 말해 준다. 좋아하는 색깔, 선호하는 가구의 배치, 어떤 향이 나는지, 책은 어디에 놓여 있는지와 같은 모든 것이 합쳐져 자신만의 감도와 온도를 만들어 낸다.

집은 내가 어떤 사람인지를 말해 주는 곳

집은 '내가 어떻게 살고 있는가'라는 질문에 대한 무언의 답변이다. 나는 집이 한 사람의 정체성과 얼마나 깊이 연결되어 있는지를 자주 체감한다. 특히 '공간치유'라는 회사를 운영하며 만나는 사람들, 그들의 집을 마주할 때 새삼 실감한다.

어떤 사람은 집을 열정과 성취의 공간으로 가꾸고, 또 어떤 사람은 세상과의 거리를 두기 위해 조용한 피난처처럼 꾸민다. 어느 집은 유난히 여백이 많았다. 살림살이 하나하나가 신중하게 선택된 듯 물건이 거의 없었고 벽에는 아무 장식도 걸려 있지 않았다. 그 집의 주인은 오랜 시간 직업상 이사를 반복해 온 사람이었고, 생활공간에 무게를 두기보다는 언제든 가볍게 떠날 수 있는 상태를 유지하고 싶어 했다. 정착하지 않겠다는 삶의 태도, 공간에 감정적으로 깊이 관여하지 않으려는 거리감이 그 집에 배어 있었다.

이렇듯 공간에는 우리가 삶을 살아가는 방식이 투영되는 법이다. 활기차고 외향적인 사람은 다채로운 색감과 장식품으로 공간을 가득 채우기도 하고, 본질을 추구하는 사람은 단순한 배치와 절제된 색으로 조용한 안정감을 표현한다. 그리고 이 둘 모두는 자신이 세상과 맺고 있는 관계를 공간을 통해 설명하고 있다.

그런데 우리들 중에는 집에 나를 반영하지 않고 사는 사람들이 있다. 유행하는 스타일을 따르거나, 임시방편으로 버텨 온 구조를 유지하며 공간을 개선하기를 미루는 이들이다. 하지만 우리가 가장 많은 시간을 보내고, 가장 많은 감정을 쏟아 내는 그 공간이 나를 닮아 있지 않다면, 우리는 어디서 회복될 수 있을까? 정체성 있는 집이란 반드시 특별하거나 고급스러울 필요는 없다. 소박한 물건 하나, 오래된 의자 하나에 스며 있는 감정의 농도에서도 회복은 얼마든지 시작될 수 있으니까.

예컨대 북유럽의 스칸디나비아 스타일은 단순한 인테리어 양식을 넘어 자연과 어울리며 실용성을 중시하는 삶의 방식이 고스란히 드러난다. 이곳 사람들은 긴 겨울과 낮은 일조량 속에서 자연광을 집 안 깊숙이 끌어들이기 위해 공간을 설계한다. 따뜻한 색감과 촉감

좋은 패브릭, 나무 소재 가구와 절제된 장식들은 그렇게 탄생했다. 그들의 삶은 '어떻게 더 편리하게 살까'가 아니라 '어떻게 더 따뜻하게 살까'에 중심을 둔다. 또 덴마크 사람들은 처음 받은 월급으로 좋은 의자 하나를 산다. 편안히 쉴 수 있는, 오래 두고 쓰는 의자. 그 선택 하나에 드러나는 가치관이 나는 어떤 공간에서 누구와, 어떻게 살아가고 싶은지를 결정짓는다.

결국 공간의 정체성은 내 삶의 방향성과 깊게 맞닿아 있다. 우리가 집이라는 공간에 진심을 담을 때 삶은 조금씩 단단해진다. 집은 단지 살아가는 곳이 아니라 내가 누구인지를 잊지 않게 해 주는 장소이기 때문이다. 집을 바꾸는 일은 곧 나를 더 좋은 방향으로 이끌어 주는 자기돌봄의 실천이다. 그러니 오늘은 스스로에게 이렇게 물어보자. "지금, 내가 살고 있는 집은 나를 닮았는가?" 그리고 "이 집은 나를 충분히 품어 주고 있는가?" 만약 그 대답이 아직 '아니오'라도 너무 좌절할 필요는 없다. 이는 나를 위해 공간을 바꿀 수 있고, 나를 더 아끼고 사랑할 수 있다는 변화의 가능성을 의미할 뿐이므로.

테스트

당신은 집에서 만족하며 위로를 얻는가?

• 물리적 환경

✔ 집에 들어섰을 때 편안함을 느낀다.

✔ 조명이 따뜻하고 아늑한 분위기를 만든다.

✔ 내 취향에 맞는 소품이 있다.

✔ 창문을 열었을 때 신선한 공기가 들어온다.

✔ 정리정돈이 잘되어 있어 혼란스럽지 않다.

• 감정적 만족감

✔ 집에 있으면 안전하고 보호받는 느낌이 든다.

✔ 바쁜 하루를 마친 후 집에 돌아오면 마음이 편안해진다.

✔ 스트레스를 받을 때 집에서 안정감을 찾을 수 있다.

✔ 집에서 보내는 시간이 행복하다고 느낀다.

✔ 나만의 공간(방, 소파, 특정 자리 등)이 있어 편하게 쉴 수 있다.

• 생활 습관 및 루틴

✔ 하루 중 집에서 좋아하는 일을 하며 보내는 시간이 있다(예: 독서, 음악 감상, 차 마시기).

✔ 집에서 충분히 휴식을 취하고 재충전할 수 있다.

✔ 집이 나의 취미나 관심사를 즐기기에 적합한 공간이다.

✔ 맛있는 음식을 직접 만들어 먹거나, 편안하게 식사할 수 있다.

✔ 집 안에 자연을 느낄 수 있는 요소(식물, 햇빛, 나무 소재 가구 등)가 있다.

• 인간관계 및 소통

✔ 함께 사는 가족이나 반려동물과 긍정적인 관계를 유지하고 있다.

✔ 혼자 사는 경우에도 외로움보다는 편안함을 느낀다.

✔ 가까운 사람들과 집에서 소통할 수 있는 환경이 마련되어 있다.

✔ 친구나 가족을 집에 편하게 초대할 수 있다.

✔ 내 공간에서 나만의 방식으로 쉬거나 사람들과 교류할 수 있다.

• 집에 대한 애정

✔ 내 집을 소중하게 생각하고 가꾸고 싶다는 마음이 든다.

✔ 집에서 보내는 시간이 지루하거나 답답하지 않다.

✔ 계절에 맞게 집 분위기를 바꾸는 등 작은 변화를 즐긴다.

✔ 집이 내 정체성을 반영하는 공간이라고 느낀다.

✔ 새로운 집을 원하기보다는 현재의 집을 더 나은 공간으로 만들고 싶다.

• 결과 해석

✔ 15개 이상 체크 → 집에서 충분한 만족감과 위로를 얻고 있어요.

✔ 10~14개 체크 → 전반적으로 만족하지만, 개선할 여지가 있어요.

✔ 9개 이하 체크 → 집에서 만족감을 얻기 어려운 상태일 수 있어요.

간직하고 싶은 마음, 버리고 싶은 마음

간혹 자신의 정체성을 물건에 투영하는 사람들이 있다. 그런 이들은 집 안을 물건으로 가득 채운다. 옷장에는 옷이 넘쳐나고 바닥에는 박스들이 정신없이 쌓인다. 필요한 물건만이 아니라 버려야 할 물건들, 오래된 전자제품, 이미 유통기한이 지난 식료품들까지 남겨둔다. 만약 이런 상태가 반복되고 방치되면 이는 이미 단순한 정리미흡이 아닌 정신건강상의 적신호로 해석되어야 하며, 우리는 이를 '저장강박증*Hoarding Disorder*'이라 부른다. 저장강박증은 DSM-5에서도 독립된 정신질환으로 분류되며 물건을 과도하게 저장하는 한편, 이를 버리는 데 극심한 불안을 느끼는 증상을 의미한다. 단순히 아까워서가 아니라, 물건과 자신의 정체성이 연결되어 있기 때문에 이를 정리하거나 없애는 일을 곧 자기 일부를 없애는 걸로 인식하는 것이다. 그렇게 쌓인 물건은 곧 마음의 짐이 되고 공간은 마치 정체된 시간처럼 얼어붙는다.

물론 물건들에 긍정적인 의미를 부여하는 경우도 있다. 몇 해 전, 서울 영등포의 쪽방촌에서 주거 환경 개선 프로젝트를 맡은 적이 있었다. 그곳은 평균 한 평 남짓한 방에 수십 년을 살아온 사람들이 모여 있는 마을이었는데, 그중 한 여성의 집이 특히 기억에 남는다. 방 하나는 사람 한 명이 겨우 누워 잘 수 있을 만큼만 비워져 있었고, 나머지 방 하나는 들어갈 수조차 없을 정도로 온갖 물건으로 가득했다. 전형적인 저장강박 증세로 보이기에 조심스럽게 그녀와 대화를 시작했다. 그런데 놀랍게도 그녀는 자책보다 긍정적인 태도를 보였고 새로운 삶을 향한 의지도 강했다. 그녀는 물건을 과감하게 버릴 준비가 되어 있었고 실제로 정리도 능동적으로 진행했다.

나는 그제야 깨달았다. 그녀의 물건은 무작위로 쌓아 놓은 쓰레기가 아니었다. 그것은 그녀가 자기 손으로 하나씩 모은 성취의 조각들이었다. 오래된 옷, 바랜 책자, 유통기한이 지난 식재료들조차도 그녀의 삶 속에서 나름의 의미를 지니고 있었다. 그 의미는 '내가 한 때 잘 살아 보려 애썼다'라는 증거였고, 물건에 대한 집착이 아닌 자기 삶을 긍정하고 싶은 몸부림이었다. 대부분의 저장강박증이 미해결된 상실, 공허함, 외로움에서 비롯된다면 그녀의 경우는 하나둘 모은 그 물건들로 '자존감'을 지켜 온 것이다.

이제 집 안의 물건들이 내 마음속 어떤 공백을 메우고 있는지를 들여다보자. 똑같은 물건이라도 내가 어떤 마음으로 가지고 있는지에 따라 의미가 달라질 수 있다. 만약 마음을 정리하지 못한 채 쌓아 두고만 있는 거라면, 이제 자신의 감정 창고를 다시 한번 돌아봐야 할 때다.

체크리스트

나는 저장강박증일까?

✔ 공짜 물건들을 버리지 않고 모은다.

✔ 한 번도 쓰지 않은 물건마저 못 버리고 모든 물건을 보관한다.

✔ 두서없이 물건을 모으고 정리정돈을 하지 못한다.

✔ 물건을 모으지 않으면 기분이 나빠진다.

✔ 혼자 있는 시간이 많다.

✔ 요즘 불안감이 매우 커졌다.

✔ 모든 소유물을 가족들이 만지지도 못하게 하며 귀중한 보물처럼 여긴다.

✔ 보통 말할 때도 장황하다. 질문에 간단하게 대답하는 대신 아주 세세한 설명까지 덧붙인다.

✔ 결정을 내리는 게 힘들고, 집중력과 판단력이 매우 떨어졌음을 느낀다.

✔ 우울감이 높고 충동구매가 잦다.

가족 각자의 정체성이 담긴 공간들

집이라는 장소에는 나 개인의 정체성뿐만 아니라 가족구성원으로서의 정체성도 함께 담긴다. 집 어딘가에는 각자의 감정과 기억을 고이 담아 두는 작은 공간들이 있다. 그곳은 단지 생활을 위한 기능적 장소가 아니라 누군가의 사랑과 수고, 고요함과 회복이 깃든 자리다. 공간마다 각자의 숨결이 있고 그 속엔 마음이 쉬어 갈 정서와 온기가 배어 있다. 이런 공간의 전형적 예를 들자면 엄마의 부엌이라든가, 아빠의 서재라든가, 할머니의 창가 자리 등이 있을 것이다.

사람들 대부분의 기억 속에 상징처럼 남아 있는 엄마의 부엌은 단순히 음식을 만드는 공간을 넘어 가족을 먹이고 돌보는 마음이 가장 진하게 스며 있는 공간이다. 부엌의 따뜻한 불빛 아래에서 국을 끓이고 반찬을 만드는 손길엔 단순한 노동 이상의 수고와 감정이 포함돼 있다. 부엌이라는 공간이 주는 안정감은 음식에서 비롯된 것만은 아니다. 익숙한 냄새, 작은 소리, 항상 같은 자리에 있는 그릇들…

그 모든 것이 우리의 원초적 안정감과 소속감을 자극한다. 집에 돌아왔을 때 부엌에서 나는 음식 냄새가 무의식중에 우리의 마음을 놓이게 하는 것처럼, 엄마의 부엌은 가족 전체의 정서적 중심이 된다. 어느 30대 여성 내담자와 진행한 한 상담에서 그녀는 이렇게 말했다. "어릴 때 엄마가 찌개를 끓이는 소리를 들으면 이상하게 마음이 놓였어요. 요즘은 그런 소리를 들을 일이 없으니까, 집에 혼자 있으면 자꾸 불안하더라고요." 부엌은 그녀에게 단순한 조리 공간이 아닌, 감정적 안정과 연결의 근원이었던 셈이다.

그렇다면 아빠의 서재는 어떨까. 누군가에게 서재가 고요한 지식의 숲이자 자신만의 세계에 몰입할 수 있도록 해 주는 피난처라면, 특히 아버지 세대에게 서재는 가족에 대한 책임감과 자아실현 사이에서 자기 존재를 증명하고 유지하던 상징적인 공간이라 할 수 있다. 책장에 꽂힌 책들, 깔끔하게 정돈된 필기구… 적막 속의 집중력과 같은 그 공간에는 늘 '나를 조금 더 나답게 만들기 위한 노력'이 깃들어 있다. 모임에서 한 중년 남성의 집을 다 같이 방문한 적이 있는데, 평소 말수가 적은 그는 우리에게 자신의 서재를 안내하며 이런 말을 했다. "이곳이 반듯하게 정리되면, 나 자신도 정리되는 느낌이에요. 누군가는 혼자 있을 때 고독하다고 하지만, 나는 혼자서 이곳을 조금씩 정리할 때 살아 있다는 기분이 들어요." 그의 서재는 단지 책이 쌓인 방이 아니라, 자신을 다시 일으켜 세우는 조용한 공장과도 같았다. 아버지라는 역할, 가장이라는 무게, 그 안에서 흔들리는 자아를 붙들어 주는 내면의 방인 서재는 그런 의미에서 성장을 위한 사적인 공간이었다.

개인적으로 내가 가장 잊을 수 없는 가족구성원의 공간은 할머니의 공간이다. 내 기억 속 할머니는 늘 창가에 앉아 계셨다. 마루끝, 햇빛이 제일 먼저 드는 자리. 시간이 느리게 흐르는 그 구석에서, 할머니는 세상을 바라보고 가족을 바라보고, 가끔은 말없이 자신의 기억을 바라보셨다. 그 창가엔 특별한 장식도 없고 근사한 커튼도 없었다. 그저 오랜 시간이 흘러 닳은 나무 창틀과 작은 방석, 그리고 작은 화분 몇 개가 전부였다. 그런데도 그곳은 집 안에서 가장 따뜻하고 안심되는 자리였다. 어릴 적 나는 종종 그 자리에 앉아 계시던 할머니 무릎에 머리를 기대곤 했다. 햇빛이 내 얼굴을 스치고, 창밖으로 이름 모를 새소리가 들려왔다. 할머니는 아무 말 없이 내 머리를 쓸어 넘겨 주셨고, 그 손길엔 말로 다 설명할 수 없는 위로가 스며 있었다. 창밖의 풍경은 시시각각 바뀌었지만 '할머니의 창가'는 늘 같은 모습으로 그 자리를 지켰다. 매일 같은 시간, 같은 방석, 같은 시선… 그 자리는 가족 모두를 지켜보는 정서적 등불과도 같았다.

심리학적인 면에서 봤을 때, 창가와 같은 '경계의 자리'는 내면의 정리를 돕는다. 실내의 포근함과 안정감, 바깥세상의 자극 사이에서 창가는 물리적 경계이면서도 동시에 감정의 완충지대가 돼 준다. 창밖을 바라보는 시선은 사고에 여유를 주고 일상의 반복에서 감정의 호흡을 조절할 수 있게 해 준다. 특히 노년기에는 감각이 무뎌

지는 만큼, 풍경이나 햇살 같은 자연의 요소가 감정의 활력소로 작용
한다. 그래서인지 할머니는 늘 그 자리에 앉아 계셨고, 나를 포함한
가족들은 정신없이 바쁜 하루를 보내고 집으로 돌아올 때마다 그 자
리가 비어 있지 않다는 것만으로도 어딘가 모르게 안심을 하곤 했다.

　이런 개인적인 기억과 심리학 연구를 토대로 삼아, 한 사례자
집의 리모델링 작업을 할 때 80대 할머니를 위한 '작은 창가 공간'을
따로 제안한 적이 있다. 처음엔 "이 나이에 뭘"이라며 고개를 저으셨
지만, 막상 의자를 놓고 조용히 창을 바라보는 시간이 반복되자 할머
니는 그곳에 애착을 보이며 하루 중 가장 오래 머무르게 되었다고 한

다. "이 자리에 앉아 있으면, 내가 아직 우리 집의 일부라는 생각이 드네요"라면서 말이다. 가족 안에서 자신의 공간이(혹은 자기 자신이) 사라지지 않았다는 그 한마디에, 창가 자리 하나가 사람에게 어떤 의미가 될 수 있는지 새삼 실감할 수 있었다.

이처럼 '엄마의 부엌' '아빠의 서재' '할머니의 창가' 등은 단순히 가족구성원의 (가정 내) 역할을 반영하는 공간이 아니다. 이는 우리가 각자의 삶 속에서 감정적으로 회복되고, 사랑받고, 다시 일어서는 정서적 터전이다. 이해를 돕기 위해 가장 전형적인 예시를 들었으나, 가족구성원의 개별 공간은 얼마든지 달라질 수 있다. '엄마의 서재'일 수도 있고, '아빠의 부엌'일 수도 있다. 중요한 것은 그 공간들이 잘 기능하고 있는지의 여부이다. 문제없이 잘 기능하고 있다면 이는 우리 삶이 문제없이 흘러가고 있다는 징표이다. 공간은 결국 우리 자신을 비추는 거울이다. 그리고 거기에는 단지 나 혼자만의 얼굴이 아닌, 내가 사랑하고 함께 살아가는 사람들의 마음이 함께 비친다. 우리는 그렇게 공간 속에서 서로의 감정을 알아 가고 서로를 보듬어 주며 다시 앞으로 나아갈 힘을 얻는다.

기억을
잇는 공간

집에 담긴 기억이 우리에게 남긴 것들

우리는 혼자 살 수 없는 존재이다. 사람은 본능적으로 다른 사람과 연결되기를 원하기 때문이다. 누군가와 마음을 나누고 이해받고 공감하는 동안, 우리는 안정감을 얻고 자존감을 회복하면서 스스로를 더욱 분명히 알아 가게 된다. 그런 의미에서 집은 이 모든 연결의 시작이다. 집은 단지 우리가 머무는 장소가 아니라 관계가 자라는 토양이며 마음이 열리는 장이다.

다양한 감정의 트리거, 공간

어떤 공간은 우리의 과거 기억과 깊이 연결되어 있는 경우가 있다. 그저 머물렀던 장소가 아니라 그 시절의 감정과 이야기를 담고 있는 하나의 상징처럼 말이다. 심리학에서는 이러한 기억을 '에피소드 기억*episodic memory*'이라고 부른다. 이는 특정 시간과 장소에서의 개인적인 경험을 저장하는 기억의 형태로, 그 순간의 시각적·감각적 정보와 감정까지 함께 저장하게 된다. 어린 시절 부모님과 함께 갔던 놀이공원, 첫 데이트를 했던 카페, 오랜만에 찾은 고향집 근처의 골목길처럼 특정 장소는 강렬한 감정과 함께 기억되어 오래도록 마음속에 남는다. 심리학자 엔델 툴빙*Endel Tulving*은 "에피소드 기억에는 장소 단서(정보)가 포함되며 이는 특정 공간이 기억을 불러오는 단서가 될 수 있다"라고 주장한 바 있다. 여기서 장소 단서*contextual cueing*란, 특정 장소에 다시 방문했을 때 그곳에서의 경험이 생생히 떠오르는 현상을 말한다.

오랜만에 들어선 교실에서 학창 시절의 감정과 장면이 파도처럼 밀려오는 경험을 누구나 한 번쯤은 해 봤을 것이다. 장소는 그 자체로 기억을 떠올리게 하는 강력한 트리거가 될 수 있다. 특히 감정적으로 중요한 사건과 연결된 공간일수록 기억은 더 선명하고 생생하게 떠오르는 법이다. 또 하나 중요한 연결고리는 향기이다. 어린 시절의 집과 비슷한 구조나 향기를 지닌 공간에 들어서면 그 순간, 잊고 지내던 추억이 떠오르고 마음이 포근해진다. 이처럼 우리는 익숙한 감정이나 좋은 기억과 연결된 공간에 자연스럽게 끌린다. 이는 공간이 단순한 물리적 장소를 넘어 감정과 기억을 담아내는 상징적 장소로 작용하기 때문이다. 과거에 특별한 기억을 남긴 공간은 오랜 시간이 지나도 마음속에 머물며 그리움을 불러일으킨다. 이러한 현상을 우리는 '프루스트 현상*Proust phenomenon*'이라고 부른다.

　　프랑스 작가 마르셀 프루스트의 소설『잃어버린 시간을 찾아서』에서 유래된 이 개념은 주인공이 홍차에 적신 마들렌의 향을 맡고 순식간에 어린 시절의 기억을 떠올리는 장면에서 비롯되었다. 향기가 과거의 경험과 감정을 한순간에 되살리는 그 순간, 우리는 공간과 기억이 얼마나 긴밀하게 연결되어 있는지를 실감하게 된다. 엄마가 끓이던 김치찌개의 냄새, 밥 짓는 고소한 향… 이런 일상의 냄새들이 문득 우리의 마음을 흔들고 그 시절 집의 따뜻함과 안정감을 떠올리게 한다. 심지어 이러한 현상은 과거 좋아하던 향수 냄새를 맡게 하여 기억을 회상하도록 돕는 방식으로 알츠하이머 치료에도 응용되고 있다. 또한 매장에서 특정 향을 사용해 브랜드에 긍정적인 감정을 느끼도록 연결 짓는 마케팅 전략 역시 활발히 사용되고 있다.

　　나 역시 잊을 수 없는 향기가 하나 있다. 어린 시절, 할머니 집 마당에서 피워 올리던 모깃불의 덤불 냄새. 그 향을 맡으면 늘 대청마루에 앉아 놀던 따스한 기억이 떠오른다. 대청마루는 참 특별한 공간이었다. 처마가 높아 뜨거운 공기는 위로 빠지고, 시원한 바람은 늘 대청을 맴돌았다. 이 같은 건축적 구조와 덤불 향이 어우러져, 그 공간은 내 기억 속에서 유난히 쾌적하고 포근하게 남아 있다. 이처럼 공간설계와 향기, 기억과 감정이 교차하는 경험은 의도적으로 공간

디자인에 반영될 수 있다. 건축과 인테리어에서 특정 기억을 불러일으키는 요소를 배치함으로써 공간은 사람의 마음을 어루만지고 기억을 되살리며 감정을 조율하는 장소가 된다.

실제로 심리치료 과정에서는 환자로 하여금 과거 기억을 떠올리게 하기 위해 어릴 적 살았던 집이나 익숙한 공간에 대한 이야기를 나누고 그 감정과 경험을 안전하게 탐색할 수 있도록 돕는다. 또한 여행지처럼 (인위적으로) 설계된 힐링 공간, 혹은 옛 추억을 떠오르게 하는 콘셉트 카페 같은 경우는 기억과 연결된 공간의 이미지를 마케팅적으로 활용한 사례이기도 하다. 한옥을 개조해 만든 카페나 음식점이 바로 그렇다. 이렇듯 특정 공간은 우리의 기억과 깊은 연결을 맺고 있으며, 우리가 공간을 단순히 머무는 장소가 아닌, 기억과 정체성을 담은 삶의 그릇으로 받아들이는 이유가 바로 여기에 있다.

손때 묻은 물건에 새겨진 시간들

그렇다면 내가 자라온 집, 혹은 내가 살고 있는 집에는 어떤 기억이 스며들어 있을까? 우리가 반복해서 마주치는 물건이나 공간은 특정 감정과 직결되곤 한다. 오래된 소파에 앉았을 때 떠오르는 어린 시절의 풍경이나 부엌 창가에서 나도 모르게 엄마처럼 콧노래를 흥얼거릴 때, 우리는 집이라는 공간 속에 축적된 기억들과 끊임없이 대화를 나누고 있는 셈이다.

심리학적으로도 공간과 감정은 깊이 연결되어 있다. 한 연구에 따르면 우리의 뇌는 장소에 감정을 '태깅*tagging*'하는 경향이 있다고 한다. 그래서 우리는 어릴 적 자주 놀던 골목을 다시 찾았을 때 뭉클해지고, 오래된 책상 서랍 속에서 낯익은 편지를 발견했을 때 설명하기 어려운 감정의 파도를 느끼는 것이다.

집 안의 공간도 마찬가지이다. 같은 거실이라도 어느 날은 온 가족이 웃음을 터뜨리던 장소였다가 또 다른 날엔 한 사람이 조용히 슬픔을 가라앉히던 자리였을 수도 있다. 그렇게 집은 우리의 감정을 고스란히 품고 기억이라는 이름의 작은 조각들을 하나씩 모아 우리에게 돌려준다. 물건 역시 감정을 품는다. 아무 쓸모없어 보이는 오래된 접시 하나가 돌아가신 외할머니의 손맛을 떠올리게 할 수 있고, 낡은 전축 한 대가 아버지의 청춘과 연결되어 있을 수 있다. 그런 물건들을 버릴 수 없는 이유는 그것이 단순한 물건이 아니라 누군가의 시간이기 때문이다. 삶에서 가장 중요한 것은 결국 그 시간 안에 녹아든 감정들이다.

사람과 사람을 연결하는 장

어떤 장소는 우리로 하여금 특정 기억을 떠올리게 한다. 그 공간에만 들어서면 특정한 감정이 되살아나고, 지나간 시간이 다시 숨을 쉬기 시작한다. 누군가는 "그 식탁에 앉으면 늘 엄마가 생각나요"라고 말하고 또 다른 누군가는 "그 골목을 지나면 그때 그 아이가 떠올라요"라고 말하기도 한다. 이것이 바로 공간과 감정이 만나는 지점이다. 특히 '집'이라는 공간에서는 그 연결이 훨씬 더 섬세하고도 깊다. 사람은 공간과 경험을 함께 저장하는 존재이다. 심리학에서는 이를 '연상 기억*associative memory*'이라고 부르는데, 이는 어떤 사건이 일어난 장소, 그때 느꼈던 감정, 냄새, 빛의 각도까지도 우리의 뇌에 함께 저장됨을 의미한다. 그래서 그 장소를 다시 마주했을 때, 우리는 마치 시간 여행을 하듯 과거로 돌아가게 된다.

집 안 곳곳에는 이런 정서적 기억 지문들이 남아 있다. 그리고 이는 삶의 방향을 결정짓는 심리적 나침반이 되기도 한다. 나는 한 방송 프로그램에서 이러한 장면을 직접 마주한 적이 있다. 한 중학생이 갑작스러운 엄마의 죽음을 겪고 방 안에 자신을 가둔 채 은둔형외톨이로 살아가고 있었다. 단지 방에서 나오지 않는 것이 아니라 세상과 모든 연결을 끊고 자신만의 시간 속에 숨어 버린 상태였다. 그 아이가 문을 닫은 건 단순한 고립만을 의미하는 게 아니었다. 그 문 너머에는 엄마와의 기억이 있었고 잃어버린 시간이 있었으며 어쩌면 다시는 회복할 수 없는 감정의 파편들이 흩어져 있었던 것이다. 학생의 집은 단지 공부하고 자는 공간이 아니었다. 엄마와 함께했던 대화, 웃음, 그 따뜻한 온기가 고스란히 담겨 있는 장소였다. 엄마의 부재는 이 집 전체를 아픔의 공간으로 만들었고 아이는 그 공간에 스스로를 가두며 엄마를 잊지 않으려는 마음과 떨쳐 내야만 하는 현실 사이에서 방황하고 있었다.

심리치료 전문가 오은영 박사님과 함께한 그 프로젝트에서 우리는 아이가 다시 세상과 연결되기를 바랐다. 이를 위해 우리가 시작한 첫 번째 작업은 바로 공간을 새롭게 바꾸는 일이었다. 물건 하나하나에 '엄마의 ○○'라는 이름표를 붙이고 그것을 함께 떼어 내며 아이와 가족은 애도의 시간을 가졌다. 이 과정을 통해 아이와 그 가족은 그저 방을 정리하는 게 아니라 기억과 감정을 정리할 수 있었다. 공간은 이렇게 감정을 치유할 수도 있다. 우리가 바꾸는 것은 물리적인 배치가 아니라 거기에 담긴 감정의 에너지다. 실제로 그 이후 아이는 점차 방 밖으로 나오기 시작했고 문을 열고 거실로, 또 밖으로 한 걸음씩 걸어 나갔다. 기억을 억지로 잊게 하거나 없애는 것이 아니라 공간을 통해 감정을 다르게 해석하게 만든 것이다.

그 집에는 또 한 명의 아이가 있었다. 사고 당시 현장에 함께 있었던 일곱 살 난 여동생이었다. 어린 나이에 현실감을 느끼지 못한 채 어른들보다 빨리 일상에 적응한 것처럼 보였지만 그녀의 내면에도 말할 수 없는 상실과 죄책감이 자리하고 있었을 것이다. 나는 이 아이를 위해 엄마와 함께 쓰던 침실의 일부를 아이만의 공간으로 새롭게 꾸려 주었다. 이는 단순한 방 꾸미기가 아니라 엄마와의 애착에서 독립하고 자신의 감정을 정리할 수 있도록 돕는 심리적 기반이 되었다. 이 모든 과정은 우리에게 한 가지 사실을 알려 준다. "기억은 공간에 남고, 감정은 그 공간을 통해 흐른다." 특정한 장소가 특정한 사람을 떠올리게 하는 이유는 단지 함께 있었기 때문이 아니라 그곳에서 감정을 나누었기 때문이다. 그래서 우리는 그 장소에 갈 때마다 다시 특정한 감정과 연결된다. 아픈 기억도, 따뜻한 기억도 모두 같은 방식으로 남는다. 그리고 우리가 그 기억을 어떻게 다루느냐에 따라 집이라는 공간은 상처의 공간이 되기도, 회복의 공간이 되기도 한다.

우리 각자의 집에는 어떤 기억이 머무르고 있을까? 어떤 방은 아직 치유되지 못한 감정으로 가득 차 있지는 않은가? 그렇다면 가구를 옮기거나 물건을 바꾸는 것부터 시작해 보자. 익숙한 것을 떠나보내는 일이 두려울 수 있지만 때로는 공간의 변화가 감정의 회복보다 먼저 일어나야 할 때도 있다.

연상기억을 활용한 감정 회복법

• '감정 장소'를 찾아라

우리 각자에게는 감정이 스며든 장소가 있다. 그 자리에 서 있기만 해도 눈물이 흐르거나 웃음이 나오거나 마음이 편안해지는 곳. 집 안에 있는 이 같은 장소를 떠올려 보자. 그다음, 아래와 같은 질문을 보고 떠오른 장소를 메모해 보자. 벽, 침대 옆, 주방 식탁 등 구체적일수록 좋다.

예) "가장 따뜻했던 순간을 떠올릴 수 있는 장소는 어디인가요?" "그 사람과 가장 오래 이야기 나누던 자리는 어디인가요?" "내가 가장 자주 숨어 울던 공간은 어디였나요?" 등.

• 감정을 시각화하는 물건을 더하라

감정은 시각적 단서와 함께할 때 오래 기억되고 쉽게 소환된다. 다음의 예시를 참고해 당신의 연상기억을 자극할 수 있는 감정 물건을 공간에 배치해 보자.

예) '할머니의 창가'를 지키던 쿠션을 창틀에 다시 두기, 아버지가 서재에서 사용하던 오래된 펜을 책상 위에 놓기, 반려동물의 자리에 함께 있던 장난감을 침대 옆에 배치하기 등.

• 특정 공간에서의 감정 기록을 루틴화하라

특정 공간에 앉아 짧은 글을 쓰거나, 사진을 보거나, 냄새 맡는 등의 루틴을 만들어 보자. 이는 기억을 강화하고 감정을 정화하는 데 효과적이다.

예) 매주 일요일 아침, 창가에 앉아 그리운 사람에게 짧은 편지 쓰기, 좋아하던 향수를 방에 뿌리고 그 시절의 사진을 꺼내 보기, 음악 한 곡을 듣고 연상되는 장면을 메모장에 그려 보기 등.

• 불편한 기억이 깃든 장소는 '새롭게 정의'하라

감정은 기억을 따라오지만 이에 대한 해석은 새롭게 바꿀 수 있다. 슬픔이 머물던 방도 새로이 의미를 부여하면 얼마든지 치유의 공간이 될 수 있다.

예) 엄마가 앉았던 소파에 그리움 대신 '감사의 편지'를 붙여 보기, 방문을 바꾸기보다 '기억의 액자' 하나를 걸어 공간에 새로운 이름을 붙여 보기, 같은 자리에 앉아 오늘의 기분을 다른 언어로 표현해 보기 등.

• 기억을 나누며 감정의 연결을 확장하라

기억은 나눌수록 더 선명해지고 감정은 공감받을수록 회복된다. 특정 장소와 기억을 연결해 누군가에게 이야기해 보자.

예) "이 자리에 앉으면 늘 할머니가 생각나요" "이 방에서 아이가 처음으로 웃었어요” “여긴 우리 가족이 다시 연결된 공간이에요” 등.

집의 익숙함과 친숙함
: '에이징 인 플레이스*Aging in Place*'

아침에 일어나 커튼을 여는 동작, 익숙한 찻잔에 커피를 따르는 손놀림, 저녁에 가족들과 모여 앉는 식탁 위의 풍경. 이 모든 일상은 그저 반복되는 행위처럼 보이지만 그 반복의 층위가 쌓이면서 우리에게 심리적인 안정감과 일관성을 보장해 준다. 낯익다는 감정은 그렇게 만들어진다. 익숙한 풍경과 익숙한 동선, 익숙한 목소리와 냄새는 우리를 지탱하는 눈에 보이지 않는 토대가 된다. 심리학에서는 이를 '감정의 귀속감'이라고 부르는데, 이는 반복되는 경험을 통해 어떤 장소에 대한 정서적 애착이 생기고, 그 장소에 머물 때 우리가 다시 본능적으로 편안해지는 경향을 의미한다. 그래서 집은 심리적 안식처가 될 수밖에 없다. 우리가 지치거나 혼란스러울 때 "집에 가고 싶다"라는 말이 튀어나오는 것도 바로 이 때문이다.

특정 공간(집)에서 느끼는 익숙함과 편안함은 개인의 기억에만 담기는 게 아니라 함께 사는 사람들과 공유되며 공동의 기억으로 자리 잡는다. 소파의 왼쪽 자리는 아빠가 드라마를 보던 자리일 수도 있고, 주방 싱크대 앞은 엄마가 아침밥을 지으면서 아이에게 말을 건

네던 공간일 수도 있다. 특정 장소에 특정 인물의 에너지가 남는다는 믿음은 단순한 감상이 아니다. 이는 '연상기억'이 실제로 작동하는 방식이기도 하다. 삶의 단계에 따라 집의 의미는 변화한다. 아이에게 집은 보호받는 공간이지만 청소년에게는 독립의 열망이 꿈틀대는 곳이며 성인이 되면 회복과 휴식의 거점이 된다. 그리고 노년이 되었을 때, 집은 기억의 뿌리가 된다.

최근 한국 사회에서 점점 중요하게 떠오르는 개념이 있다. 바로 '에이징 인 플레이스'이다. 이는 노년기에 접어든 사람들이 요양 시설이 아닌 자신이 살아온 집에서 마지막까지 머물고자 하는 욕구를 반영한 복지 개념으로, 단순한 고집으로 치부될 일이 아니다. 심리학적·정서적 차원에서 익숙한 공간(집)은 치매 예방과 정서 안정에 효과적이라는 연구도 있다. 낯선 요양 시설로의 이주는 노인으로 하여금 새로운 환경에 적응하는 과정에서 스트레스를 유발할 수 있고, 이는 이들의 정서와 건강에 부정적인 영향을 줄 수 있다.

나 역시 현장에서 이런 장면을 목격한 적이 있다. 한 고령 부부가 재개발로 인해 40년 넘게 살던 집을 떠나야 하는 상황에 놓였다. 새 아파트는 훨씬 쾌적하고 편리했지만 두 분 모두 낯선 구조와 낯선 이웃, 낯선 공기 속에서 점점 무기력해졌다. 남편은 예전 집에서 즐기던 정원 가꾸기를 그리워했고, 아내는 손에 익은 그릇과 칼, 도마가 있던 좁은 부엌을 그리워했다. 새집에선 주방 도구가 어느 하나 손에 익지 않아 요리를 하는 기쁨마저 사라졌다고 했다. 그 이야

기를 듣는 내내 나는 '집'이라는 물리적 공간이 단지 구조와 면적이 아니라 정서와 기억으로 구성되어 있다는 사실을 또 한 번 실감했다. 그런 의미에서 어떻게 하면 이 '익숙함과 친숙함'을 잘 유지하고, 더 나아가 스스로의 회복에 활용할 수 있을지 생각해 보는 것도 치유의 공간을 가꿔 나가는 데 꼭 필요한 일일 것이다.

Layer 2. 나를 회복시켜 주는 가장 사적인 공간, 집

익숙함을 자산으로 바꾸는 세 가지 방법

• 일상 루틴에 감정의 의미를 담아 보자

매일 같은 시간, 같은 장소에서 차를 마시고 창밖을 보는 일. 별것 아닌 것 같지만 그런 일상의 작은 반복이 결국 정서의 기준점이 된다. 반복되는 루틴 속 나만의 '회복 버튼'을 만들어 보자.

• 집의 일부 공간을 추억의 장소로 만들어 보자

가족사진, 여행에서 가져온 소품, 부모님이 쓰던 찻잔 하나. 이런 사소한 물건들이 집이라는 공간에 감정의 온도를 더한다. 특히 노년기에는 이런 추억의 단서들이 일상을 지탱하는 감정 자산이 되기도 한다. 거실 한편에 '기억의 책상'을 만들어 보는 것도 좋다.

• 익숙한 환경을 지키기 위한 노력도 자기돌봄이다

집이 나를 지켜 주는 것처럼, 나 역시 그 집에 오래도록 머물고 그곳을 지키기 위해 공간을 내게 최적화해야 한다. 욕실의 손잡이 하나, 현관의 경사로 하나가 심리적 안정에 큰 영향을 미칠 수 있다. 물리적 편의는 감정적 안정으로 이어진다. 이것이 바로 '에이징 인 플레이스'의 핵심이다.

변화하는 집,
복합 기능의 집

생활 방식의 변화에 따른 달라진 공간의 의미

최근 몇 년 사이 '집'이라는 공간의 의미가 급격히 변하고 있다. 한때는 특별한 곳을 찾아 나서는 일이 행복의 조건처럼 여겨졌지만, 이제 사람들은 오히려 '아주 보통의 하루'에서 위안을 찾기 시작했다. 특별한 곳에서의 하루가 아니라 내 방, 내 거실에서의 하루가 곧 힐링이 되는 시대. 이제 우리는 더 이상 집을 잠만 자는 곳으로 여기지 않는다. 삶을 살아가는 데 필요한 거의 모든 기능이 집 안에서 가능해졌다. 이제 집은 단지 '사는 곳'이 아니라 '살아가는 방식을 설계하는 공간'이 되었다.

아주 보통의 하루가 특별해진다: 홈 콘텐츠의 시대

과거의 집이 생존을 위한 기본적 기능, 즉 잠을 자고 식사를 하며 외부의 위험으로부터 보호받는 공간이었다면 현대의 집은 복합적 기능을 갖춘 다차원적 공간으로 진화했다. 일과 여가, 학습과 소통, 운동과 치유, 그리고 콘텐츠 제작까지… 하나의 공간에서 펼쳐지는 일상의 면면이 집 안에 담기게 되었다. 팬데믹을 거치며 더욱 강화된 이 변화는 단순한 일시적 흐름이 아니다. 이는 디지털 시대에 맞춰 우리가 공간과 맺는 관계 자체가 바뀌고 있다는 의미다. 한때 커피숍에서 노트북을 펴고 일하는 '노마드 워커'가 트렌드였다면 이제는 '홈 오피스' 아니 더 나아가 '홈 크리에이터'의 시대가 도래했다. 거실 구석의 작은 식탁 하나, 햇빛 드는 창가 자리가 곧 사무실이 되고 스튜디오가 된다. 유튜버, 홈 베이커, 온라인 강사, 라이브 커머스 진행자… 이들은 모두 자신의 집 안에서 콘텐츠를 만들고 세상과 연결된다.

얼마 전 한 홈 인플루언서의 인터뷰를 인상 깊게 본 기억이 난다. 그녀는 전업주부로서 집 안에서 베이킹을 하고 인테리어를 꾸미고 그 과정을 영상으로 촬영해 편집까지 직접 했다. 그렇게 시작한 콘텐츠가 어느새 많은 구독자의 사랑을 받아 이제는 한 가정의 경제를 주도할 정도의 수익을 올리게 되었다. 그녀는 이렇게 말했다. "이 공간은 더 이상 가족만을 위한 공간이 아니에요. 이제는 저만의 창작

실이자, 꿈을 펼치는 무대예요." 그 말이 참 인상 깊었다. 그녀의 말처럼 집은 이제 '쉼의 장소'에서 '기회의 장소'로 바뀌고 있다. 그리고 이 변화는 단순히 기술의 발전 때문만은 아니다.

우리는 지금, 자기만의 속도로 살아가고 싶은 시대에 접어들었다. 누구의 기준도 아닌 나의 리듬으로 하루를 구성하고 싶다는 바람. 그 바람은 '집'이라는 공간 안에서 가장 편안하게 실현된다. 나는 집에서 요리를 하고, 영화를 보기도 하고, 업무를 보기도 한다. 그뿐만이 아니다. 나는 집에서 운동도 하고 때로는 세상과 단절된 고요 속에서 스스로를 돌아보기도 한다. 집 안의 공간 하나하나가 복합적 기능을 품으며 내 삶의 다층적 정체성을 담아내고 있다. 이제 집은 사는 곳이 아니라 나를 키워 가는 공간, 나만의 문화 제작소이다.

과거와 오늘날의 집의 기능 및 의미 변화 ○

	과거의 집	현대의 집
기능적 역할	기본적인 주거 공간(먹고 자는 곳)	다기능 공간(일, 취미, 휴식 등)
사회적 의미	가족 중심의 공동생활	개인화된 공간 증가
경제적 의미	거주의 개념이 강함	투자 및 자산 가치로 개념 확대
심리적 의미	가족과의 유대감 형성	자아 표현, 심리적 안정을 위한 공간
기술적 변화	기본적인 주거 편의 제공	스마트홈, IoT(원격제어) 기술 접목

편리한 삶을 추구하는 집: 모듈형 주택

우리는 지금, 집이라는 공간의 가능성을 재발견하는 시대를 살고 있다. 운동하기 위해 헬스장에 나가지 않아도 되고 분위기 있는 카페를 굳이 찾아 헤매지 않아도 된다. 커피 한잔과 좋아하는 음악, 아늑한 조명이 있는 집 안의 어느 구석에서 우리는 충분히 그 감성을 즐길 수 있다. 회의실을 예약하거나 사무실을 임대하지 않아도 화상 회의로 전 세계와 연결되는 시대. 이처럼 집에서 다양한 기능을 수행한다는 것은 곧 시간, 에너지, 그리고 비용의 절약을 의미하며, 외부에 나갈 필요가 줄어드는 만큼 내 삶의 중심이 집 안에 고스란히 깃든다는 것을 의미하기도 한다.

한 공간에서 다양한 활동이 가능하다는 것은 삶의 질을 극적으로 높이고 시간과 공간을 효율적으로 운용할 수 있음을 의미한다. 이런 트렌드는 작지만 똑똑한 공간을 만들어 내는 방향으로 흘러가고 있으며 그중 가장 주목할 만한 것이 바로 '모듈형 주택'이다.

모듈형 주택은 건물의 70퍼센트 이상을 공장에서 미리 제작한 뒤 현장에서 남은 부분을 조립하게 된다. 복잡한 공정이 단순해지다 보니 시공 속도가 획기적으로 단축되며, 날씨나 계절에 관계없이 집을 지을 수 있고, 그만큼 비용도 절감된다. 미국의 ICON은 3D 프린팅 기술을 활용해 단 4,000달러(약 500만 원)로 주택을 지었는데, 이 방식은 자재 낭비가 거의 없고 건설폐기물을 최소화하는 장점을 지니고 있어서, 친환경적인 삶을 실천하고 싶은 이들에게 설득력 있는 선택지를 제공한다. 또한 오픈 플로어 플랜(공간 구조 방식의 하나로 벽이나 파티션이 없는 열린 공간을 의미한다) 구조를 활용한 유연한 공간 배치와 모듈 가구를 통한 맞춤형 조합은 정형화된 외형 안에서도 자신만의 라이프스타일을 실현할 수 있는 가능성을 넓힌다. 거실이 작업 공간이 되었다가 영화관으로 바뀌고 아침이면 요가 공간으로 변하는 식으로 말이다. 물론 공장 제작에 따른 운송 비용 추가, 고층 건물 적용의 어려움, 디자인 자율성 부족 같은 한계들도 존재하지만, 아파트나 다세대주택처럼 균일한 외형 안에서도 내부 설계는 얼마든지 자유롭게 구현 가능하다는 점에서 모듈형 주택은 충분한 대안의 가능성을 품고 있다.

스웨덴의 IKEA와 스카스카가 협력한 BoKlok처럼 저소득층을 위한 친환경 모듈형 주택 모델이 현실화되고 있으며, 앞으로 도시 인구 밀집과 환경문제가 심화될수록 이러한 주거 형태는 더욱 현실적인 대안이 될 것이다. 특히 AI, IoT, 친환경 자재를 활용한 스마트 모듈형 주택의 등장으로 인해 공간은 더 작아질지언정 삶의 가능성은 오히려 더 확장되고 있다. 결국 우리가 바라는 건 크고 화려한 공간이 아니라 내 삶에 꼭 맞는 공간에서 아주 보통의 하루를 평온하게 살아가는 일 아닐까. 변화하는 주거의 모습은 이렇듯 결국 '나를 위한 집'이라는 본질로 되돌아가고 있으며 집은 단순한 건축물이 아닌 내 삶을 가장 편안하게 담아낼 수 있는 하나의 존재로 자리 잡고 있다.

공간을 비운 순간, 삶이 채워졌다
: 미니멀 라이프

예전엔 집이란 그저 잠시 머무는 곳이었고, 옷가지며 책이며 물건들을 담아 두는 수납장이 많을수록 안정감이 든다고 여겼다. 하지만 지금은 어떨까? 이제 우리는 너무 많은 것들이 있으면 오히려 마음이 어지럽고 어딘가 불편하다고 느낀다.

하루 대부분을 보내는 이 집이라는 공간 안에서 우리는 자신도 모르게 수많은 선택을 한다. 어떤 가구를 들일 것인지, 어떤 물건을 버릴 것인지, 그리고 무엇을 남겨 둘 것인지를. 미니멀 라이프를 실천하는 사람들은 이 작은 선택들이 결국 우리 삶의 방향과 가치를 말해 준다고 믿는다. 이들은 단순히 물건을 줄이는 사람들이 아니다. 가까이서 들여다보면 그들은 오히려 삶을 풍요롭게 채워 나가는 사람들이다. 덜어 낸 만큼 명료해진 시선으로 삶의 본질을 바라보려는 사람들. 불필요한 물건이 아닌, 진짜 나에게 필요한 것을 분별하는 태도. 이게 바로 미니멀리스트의 정체성이고, 이 태도가 공간을 바꾸고 삶을 바꾼다. 그래서 요즘은 비우는 사람들이 늘고 있다. 단지 공간을 넓히기 위해서가 아닌, 그 공간 안에 조금 더 '나'를 들여놓기 위해서.

미니멀 라이프라는 말을 처음 들었을 땐 그저 유행이려니 했다. 하지만 그 안에는 우리가 오래도록 잊고 지내던 진짜 질문이 있었다. '나는 정말 이 물건이 필요할까?' '이 공간에서 나는 진짜 나로 살고 있을까?' 같은 물음들이 말이다. 살다 보면 '나'라는 사람이 흐릿해질 때가 있다. 매일 반복되는 업무와 관계 속에서 내가 뭘 좋아하고 뭘 지향하는지조차 가물가물해질 때가 있다. 그런 순간 집이라는 공간은 우리가 다시 자기 자신을 돌아볼 수 있는 거울이 된다. 어떤 물건을 곁에 두고 어떤 물건을 놓아 버릴지를 결정하는 과정 속에서 우리는 묻는다. 이것이 지금의 나를 설명해 줄 수 있는지 아닌지. 정리된 공간은 단지 깔끔해서 좋은 게 아니다. 그 안에 들어가면 마음이 차분해지기 때문에 좋은 것이다. 여백이 있다는 건 생각할 공간이 있다는 뜻이고, 어수선하지 않다는 건 내면에 숨 쉴 틈이 생긴다는 의미다. 그래서 미니멀리즘은 '나는 내 삶을 잘 관리하고 있다'라는 믿음을 키우는 데 도움이 된다. 무엇을 남기고, 무엇을 내려놓을지 스스로 결정한 사람은 삶의 방향을 능동적으로 선택할 수 있기 때문이다.

친구의 집에 갔을 때였다. 작은 아파트라 특별할 것 없는 구조였지만 햇살이 잘 드는 거실 창가에 딱 두 권의 책이 가지런히 놓여 있었다. 한 권은 요가에 관한 책, 하나는 에세이였다. "딱 이 두 권만 있어도 좋더라"라고 웃으며 말하던 그 친구의 표정이 기억에 오래 남았다. 그 집을 보며 나는 친구의 내면을 본 것 같았다. '이 사람이 어떤 리듬으로 살아가고 있는지, 어떤 삶을 원하는지'가 보였다.

사실 우리는 모두 (정도의 차이는 있겠지만) 언젠가는 자신의 삶을 한 번쯤 정리하고 싶어지기 마련이다. 그럴 때 거창한 변화보다 작고 조용한 실천이 더 큰 울림을 줄 수 있다. 이를테면 서랍을 열어 오래된 물건 하나를 꺼내 보자. 그리고 그게 지금의 나에게 어떤 의미가 있는지를 스스로에게 물어보자. 그 질문 하나만으로도 마음속 어지러움이 조금은 정돈될 수 있다. 남겨진 물건들은 '내가 중요하게 여기는 것들'이라는 확신을 주고, 그 확신은 다시 내 삶의 중심을 잡는 데 도움을 준다.

미니멀한 공간을 추구하는 사람들 중 일부는 '소형 주택 운동'을 주장한다. 소형 주택 운동이란 작은 집에서 단순한 삶을 지향하는 사회 건축 운동이다. 우리는 대개 '더 크고 넓은 집'을 꿈꾸지만, 이들은 정반대의 길을 택한다. 더 작고 더 단순한 집에서 더 깊고 더 넉넉한 삶을 살아가고자 한다. 그들에게 집의 크기는 문제가 되지 않는다. 그들에게는 '필요 이상의 것을 원하지 않는 삶' 바로 그 정체성이 무엇보다 중요하다.

예능 프로그램 〈바퀴 달린 집〉이 좋은 예다. 자연 속으로 들어가 작은 집을 옮겨 다니며 살림을 최소화하고, 바쁜 일상을 잠시 내려놓고 스스로를 바라보는 시간을 갖는 모습은 우리가 잊고 지낸 중요한 감각을 되살려 준다. 그 집엔 단출한 물건이 있고 요란하지 않은 가구가 있으며, 무엇보다 그 안에 있는 그대로의 나를 마주하게 만드는 여백이 있다. 작은 공간이 오히려 마음을 크게 쓰게 만든다는 걸 아는 것이다.

또 다른 미니멀리즘의 형태로는 디지털 노마드를 들 수 있다. 고정된 집이 없다는 건, 어쩌면 누군가에겐 불안 요소일지도 모르지만 그들에게는 자율과 자유, 정체성의 확장을 의미한다. 이들은 공간을 소유하지 않고 경험을 수집한다. 에어비앤비, 단기 임대 숙소, 호텔, 캠핑카와 같은 세상의 여러 공간에서 일하고 머무르며 장소가 주는 에너지와 색채를 고스란히 자기 삶에 흡수한다. 이들에게 공간은 하나의 배경이 아니라 자기 인식과 감정의 반사경이다. 지금 내가 있는 이 장소가 오늘의 나를 규정하고 또 조금씩 변화시킨다는 감각. 디지털 노마드의 삶은 불확실성 속에서도 유연함을 잃지 않는다. 적은 짐과 가벼운 마음속에서 경험은 깊고 다양해진다. 그 안에서 우리는 장소의 고정성보다는 유동적인 정체성을 배운다. 꼭 정해진 틀 속에 갇혀 살 필요는 없다. 오히려 새로운 공간에 발을 내디딤으로써 스스로의 정체성을 다시 만들어 가는 과정 자체가 우리로 하여금 살아 있다는 감각을 더 생생하게 느끼게 한다.

이처럼 현대인의 공간에 대한 감각은 빠르게 변화하고 있다. 과거의 공간이 단지 물리적 거주의 장소였다면 지금의 공간은 내 감정을 담고 내 역할을 반영하며 나라는 사람을 드러내는 수단이 되었다. 어떤 이는 우리 집 작은 방에서, 어떤 이는 이동식 주택에서, 또 어떤 이는 세계 어디든 노트북 하나로 연결된 카페에서, 각자의 방식으로 자기 자신을 표현하고 있다. 삶이 차지하는 자리를 줄여 갈수록 삶의 본질은 더 또렷해진다. 내게 진짜 필요한 것이 무엇인지, 어떤 공간이 내 마음을 평화롭게 만드는지를 알아 가는 그 여정 속에서 우리는 비로소 공간을 넘어 삶을 디자인하는 사람이 되어 간다.

미니멀리즘이란 단순히 덜 갖자는 철학이 아니다. 덜 가짐으로써 더 깊이 있게 살아 가자는 제안이다. 물건과 공간을 덜어 낸 그 장소에서 우리는 더 명확하게 '나'라는 사람을 알게 되고 더 자율적이고 자립적인 삶으로 나아간다. 공간은 작을지언정 그곳에 담긴 삶의 이야기는 결코 작지 않다. 그건 나를 위한 공간이며 나다운 삶을 위해 내가 선택한 '사는' 방식이다.

반려동물과 함께 사는 집이 주는 위로감

어느 날 집 안 구석에서 조용히 웅크리고 있는 고양이를 바라본다. 햇살이 스며드는 창가에 머물던 그 아이는 마치 오래전부터 이 집의 주인이었던 것처럼 익숙하고 든든하게 그 자리를 지킨다. 그 순간 문득 떠올리게 된다. 이 집은 이제 더 이상 나 혼자만의 공간이 아닌, 공존의 공간이 되었다는 사실을. 반려동물과 함께하는 삶은 단순한 동거를 넘어선다. 그들은 우리에게 정서적 위안과 경쾌한 일상의 리듬을 선물해 준다. 특히 도시화가 급속히 진행된 현대사회에서 인간의 외로움과 고립감을 덜어 주는 존재로서 그들의 의미는 더욱 커지고 있다.

한때는 지극히 실용적인 존재였던 동물들이 이제는 이 같은

Lulu

'실용적' 차원을 넘어 우리 삶의 중심 가까이에 '가족'이라는 이름으로 들어와 있다. '펫팸족*Pet+Family*'이라는 단어가 생긴 이유도 여기에 있다. 반려동물은 더 이상 집 바깥을 지키는 존재가 아니라 거실을 함께 누비고 침대 발치에 머무는 진짜 가족이 되었다.

캣 타워와 펫 침대, 미끄럼방지 바닥재, 반려동물을 위한 전문 조명까지 이제 집은 인간과 동물의 공존을 전제로 설계되고 소비된다. 하지만 이 공존이 늘 이상적이지만은 않다. 1인 가구 남성이 상담을 위해 나를 찾아온 적이 있다. 그는 길 잃은 고양이 한 마리를 집에 데려온 것을 시작으로 다섯 마리의 고양이와 함께 살게 되었다. 처음엔 작은 위로였지만 시간이 지나며 고양이들의 공간은 점점 늘어 갔고 그의 생활공간은 눈에 띄게 줄어들었다. 가구는 여기저기 긁혀 있었고 집 안 곳곳에 고양이들의 배변 흔적이 남은 채였다. 그는 내게 말했다. "고양이 때문에 행복하긴 한데, 이상하게도 예전보다 더 피곤하고 지쳐요."

공존에는 사랑뿐 아니라 책임도 따라온다. 반려동물의 공간이 어느새 나를 잠식해 버릴 때, 나의 정신적 에너지와 마음의 여유는 점점 마모되어 간다. 이 지점에서 중요한 질문 하나가 생긴다. '나는 이 집에서 충분히 존중받고 있는가?' 나는 종종 신혼부부들에게 이런 조언을 한다. 첫 집을 마련할 때 인테리어보다 먼저 고려해야 할 것이 '나의 공간'과 '우리의 시스템'이라고. 육아가 시작되면 물건은 기하급수적으로 늘어나고 그 물건들은 어느새 우리의 통제를 넘어서 버린다. 그리고 양육자는 쉼 없이 아이와 물건 사이를 오가며 점점 지쳐 간다. 휴식 없는 공간에서 자존감은 서서히 깎여 나가고 우울감이 스며든다. 육아 스트레스는 언제나 '내가 쉴 곳이 없다'라는 절망감에서 비롯된다.

이는 반려동물과 함께하는 삶에도 고스란히 적용된다. 나의 휴식처가 사라지고 공간의 주도권이 반려동물에게 넘어갔을 때 우리는 결국 피로해진다. 또 다른 한 고객의 집은 반려견의 가구와 장난감으로 가득 차 있었고 정작 양육자인 그녀의 공간은 좁은 방 하나가 다였다. 그녀는 말했다. "강아지를 사랑하지만, 가끔은 너무 숨이 막혀요." 집의 주인은 내가 되어야 한다. 나에게는 내 삶의 질을 높이는 방향으로 공간을 계획하고 정돈할 책임이 있다. 그래야만 내가 사랑하는 존재들과도 건강한 관계를 지속할 수 있다. 엄마가 행복해야 아이가 행복하다는 말처럼 나 자신이 먼저 안정되고 평온해야 반려동물과의 삶도 건강하게 유지할 수 있는 법이다.

공존의 핵심은 균형이다. 나를 위한 공간을 지키면서도 반려동물에게 필요한 돌봄과 애정을 제공하는 것. 그 경계와 리듬을 찾는 일이야말로 진정한 사랑이다. 반려동물은 종종 나를 닮는다. 그들이 좋아하는 장소, 그들이 머무는 방향, 그들의 감정은 결국 나의 상태와 분위기를 그대로 비추는 거울이 되기도 한다. 그러니 스스로에게 이렇게 물어보자. '나는 이 집에서 지금, 충분히 행복한가?' 그 답이 '예'라면, 반려동물도 분명 행복할 것이다.

반려동물을 위한 기본적인 공간 배치법

• 공간의 구획을 명확히 한다

반려동물과 사람이 필요로 하는 공간을 정하고 나눈다. 반려동물은 배변 및 털 관리가 필요하므로 반드시 통풍이 잘되는 공간을 사용하게 하고, 활동량이 많다면 집의 공간 중 가장 큰 공간을 할애하는 것도 좋다. 사람이 사용할 공간 역시 반려동물이 자유롭게 출입할 수 있도록 하되, 반려동물의 가구와 물건은 두지 않는다. 반려동물의 물건은 반려동물의 전용공간에만 배치하는 것이 좋다.

• 휴식 공간

반려동물이 편히 쉴 수 있는 전용공간(쿠션, 펫 침대 등)을 마련한다. 사람의 자주 지나다니는 곳보다는 조용하고 따뜻한 장소가 좋다.

• 놀이 공간

고양이라면 캣 타워, 캣 폴을 수직으로 설치하면 공간 활용에 용이하다. 강아지는 실내에서 뛰어놀 공간을 확보해 주되, 미끄럼 방지 매트와 층간소음을 줄이는 매트를 사용한다.

• 식사 공간

물과 사료 그릇은 정해진 공간에 둔다. 사람이 많이 지나다니지 않는 곳에 배치하는 게 좋다. 고양이는 화장실과 식사 공간이 가까우면 스트레스를 받을 수 있으니 적당한 거리를 유지하는 편이 좋다.

• 화장실 공간

고양이 화장실은 조용하고 환기가 잘되는 곳이 좋다. 모래가 많이 튀지 않도록 매트를 깔아 주는 것도 방법이다. 강아지는 배변 패드를 일정한 장소에 두되 전용공간에 수납장을 배치해 관련 용품을 수납하는 식으로 공간을 활용한다.

• 가구 배치

반려동물이 점프하거나 뛰어다닐 때 부딪히지 않도록 가구를 배치한다. 가구의 손상을 줄일 수 있도록 나무 소재보다는 스크래치에 강한 PVC 소재의 가구를 사용하는 것이 좋다. 고양이가 올라가는 것을 좋아한다면 책장 위(혹은 가운데)에 빈 공간을 두거나 캣 워크를 설치하는 것도 방법이다. 강아지는 소파나 침대에 쉽게 오를 수 있도록 전용 계단을 마련하면 관절에 부담을 덜 수 있다.

내가 진짜로 원하는 집의 모습은?

　　예쁜 카페에 가면 기분이 좋아지고, 친구의 집에 초대받으면 새로운 분위기에 들뜨기도 한다. 하지만 결국 우리의 마음이 가장 편안해지고 긴장이 풀리는 공간은 우리가 매일 돌아오는 곳, 바로 '내 집'이다. 우리는 집 안에 들어선 순간 안도의 숨을 내쉬며 이렇게 말한다. "아, 집이 최고야." 이 짧은 한마디에 집이 주는 의미가 모두 담겨 있다. 익숙한 소리, 냄새, 배치 그리고 나만의 규칙이 있고 누구의 눈치도 보지 않아도 되는 곳. 진짜 안정감을 주는 이곳이 바로 우리 집이다. 그렇다면 이제 본격적인 나만의 리커버리 스페이스 만들기에 앞서 차분히 생각해 보자. 나는 어떤 집을 원하고 있을까? 나는 어떤 집에서 살고 싶고, 그 이유는 무엇일까?

집을 가꾸는 사람들의 마음

나는 지금까지 3,000곳이 넘는 사람들의 집을 직접 정리하고 꾸며 왔다. 그 안에서 정말 다양한 삶의 방식, 가치관, 취향을 보았다. 어떤 이는 작은 원룸에 햇살을 가득 들여놓기 위해 밝은 커튼을 달아 놨고, 어떤 이는 아이와 함께 만든 그림을 벽에 빼곡히 붙여 놨다. 그 모든 순간마다 나는 느꼈다. 집을 가꾸는 사람에게는 공통된 마음이 있다. 그들은 자신의 삶을 더 정성스럽게 살고 싶다는 의지를 품고 있다. 집을 가꾼다는 것은 단지 인테리어를 예쁘게 꾸미는 일이 아니다. 이는 삶을 향한 애정이자 나 자신을 돌보는 일이고, 가족과의 관계를 소중히 여기는 마음의 표현이다.

그런 의미에서 집을 가꾸는 사람들은 작은 변화를 계속해서 만드는 사람들이다. 이들은 집을 '레이어드 홈'으로 만든다. 비록 원룸일지라도, 그 안에서 일도 하고 쉬고 운동하고 몰입하고 명상한다. 작은 여백에 액자를 하나 두고 거실 한편에는 스피커를 놓고 베란다에서는 허브를 키우며 자기만의 공간을 만든다. 무언가를 바꾸는 데에는 생각만큼 큰돈이 들지 않는다. 그보다는 자신의 공간을 향한 애정 어린 시선이 훨씬 더 중요하다. 집을 가꾸는 사람들은 셀프 인테리어 채널을 보고 배우며 SNS에 자신만의 공간을 기록하고 공유한다. 작은 변화 하나하나에 '나도 나를 잘 돌보고 있다'라는 안도감을 느낀다.

실제로 집을 꾸미고 바꾸는 과정은 스트레스를 해소시키는 효과가 있다. 왜냐하면 이는 단순히 공간을 변형시키는 작업이 아닌 감정의 흐름을 정돈하는 작업이기 때문이다. 침대를 창가 쪽으로 옮기고 책상을 햇살이 더 잘 드는 방향으로 배치하고 눈에 보이는 물건을 줄이고 애정이 있는 물건만 남기는 과정에서 우리의 마음 역시 같은 과정을 거치게 된다. 잡념은 덜어 내고 중요한 감정만 남겨 삶의 중심을 다시 세우는 과정을 말이다.

어떤 사람은 말한다. "요즘은 집을 꾸미는 게 유행이잖아요. 인스타 감성 같은 거요." 그 말 안에는 집 꾸미기를 가볍게 소비되는 유행처럼 보려는 시선이 담겨 있을지도 모른다. 하지만 그게 전부일 리는 없다. 아마도 빠르게 변하는 세상, 복잡한 관계, 예측할 수 없는 사건들 속에서 내가 나를 붙들 수 있는 유일한 장소가 바로 집이고, 지금 이 시기를 잘 살아 내고 있는 '나'를 기억하고 싶기 때문에 우리는 집을 가꾸는 것이다. 책장을 채운 책들은 지금 내가 관심 갖고 있는 주제를 보여 주고, 작업 공간의 도구들은 내가 삶을 대하는 태도를 드러내며, 벽에 걸린 액자는 '여기부터는 내 공간'이라는 선언이 된다.

집을 가꾸는 사람은 삶을 회복하는 길을 집에서 찾는다. 병원이나 상담실이 아닌 고요한 거실 창가에서, 물소리 가득한 욕실에서, 좋아하는 책 한 권이 놓인 침대 옆 탁자에서 말이다. 더 나아가 집은 관계를 회복하는 공간이기도 하다. 거실 한복판에 위치한 식탁에 하루에 한 끼라도 가족들이 같이 먹을 밥을 차려 내면 묘하게 서운했던 마음들이 저도 모르게 풀어지고 한숨 대신 웃음이 흘러나온다. 이게 바로 집이 가진 놀라운 치유의 힘이다. 실제로 집을 바꾸고 나서 부부 사이가 가까워졌다고 말하는 사람들도 있다. 아이와 대화가 활발해졌다고 말하는 부모도 있고, 혼자 있는 시간이 오히려 덜 외로워졌다고 말하는 사람도 있다. 이 모든 변화는 집이라는 장소가 바뀌어서가 아니라 집을 대하는 우리의 태도가 달라졌기 때문이다. 그리고 그 변화의 시작은 아주 사소한 것에서 비롯되었는지도 모른다. 책상 위를 치우는 일, 햇살 좋은 날 창문을 여는 일, 침구를 바꾸고 향초 하나를 켜는 일과 같은 행위들이 그렇다. 그러다 보면 삶이 조용히, 그러나 확실하게 달라진다.

집을 에너지 충전소로 활용하는 사람들

흔히들 말하는 성공한 사람들은 집을 에너지 충전소로 활용할 줄 안다. 그들은 비싼 가구나 고급 자재에 집착하는 대신, 공간이 자신에게 주는 에너지를 더 중요하게 여긴다. 왜냐하면 집중과 창의력, 휴식과 영감은 모두 공간의 상태에서 출발하기 때문이다.

스티브 잡스는 자신의 전기에서 이렇게 이야기한 바 있다. "나는 본질 외에는 갖지 않는 공간을 원한다." 그의 집은 놀랍도록 미니멀했고 긴 명상용 소파 하나와 한두 개의 램프, 그리고 차분한 마룻바닥이 전부였다. 그 공간에서 그는 세상을 바꾸는 아이디어를 구상했다.

오프라 윈프리 역시 자신의 명상 공간을 공개한 적이 있다. 커다란 창으로 햇빛이 들어오고, 바닥에는 부드러운 러그와 쿠션이 놓여 있으며 벽 한쪽에는 자신이 존경하는 인물의 말이 캘리그라피로 걸려 있는 공간. 하루 20분, 그녀는 그 공간에서 자신과 대화하며 마음을 정화한다. 그녀는 말한다. "그 시간은 나의 내면을 충전하는 가장 강력한 습관이다."

워런 버핏 역시 마찬가지이다. 그는 지금도 오마하의 검소한 집에서 살고 있으며 그 집의 작은 서재에서 매일 수십 권의 책과 신문을 읽는다. 버핏의 공간은 외형적 부의 상징이 아닌 자신만의 지식 충전소다. 이처럼 성공한 사람들은 집을 단순한 쉼터로 여기지 않는다. 그들은 공간을 자신을 위한 정제된 도구로 사용한다. 집이 곧 충전기이고 집 안의 각 공간은 본래의 기능 이상의 역할을 한다. 생산성, 집중력, 창의력, 회복력을 높일 수 있는 건 의도적으로 디자인된 공간이다.

나에게 에너지를 주고, 살아갈 동기를 다시 심어 주는 집. 그 집은 반드시 크거나 화려할 필요는 없다. 중요한 건 의도이다. 어떤 목적을 갖고 그 공간을 만드는가, 그 안에서 나는 어떤 태도로 살아가고자 하는가. 결국 집이란 세상에서 유일하게 '내가 주인인 공간'이다. 그러니 그 공간을 방치하지 말자. 성공이란 결국 내 삶을 내가 원하는 방향으로 이끌 수 있는 에너지에서 비롯된다.

$$\boxed{\text{실천 가이드}}$$

집에서 에너지를 충전하는 법

• **아침에 자연광을 받으며 하루를 시작하기**
햇빛이 드는 창가에 앉아 커피 한잔을 마시는 동안 마음이 먼저 깨어난다.

• **공간을 정리된 채로 유지하기**
물건이 적을수록 머리가 맑아진다. 정신도 숨 쉴 공간이 필요하다.

- **자신만의 '에너지를 주는 공간' 만들기**

책을 읽는 리클라이너, 음악을 듣는 스피커 옆, 조용히 앉는 명상 의자 등 어떤 공간이든 좋다.

- **식물, 조명, 향기로 기분 좋은 분위기 만들기**

초록 잎은 눈을 쉬게 하고, 따뜻한 조명과 취향에 맞는 향기는 마음을 부드럽게 한다.

- **나만의 휴식 의자 만들기**

누구도 방해하지 않는 자리(공간)를 만들어 하루 10분씩 그곳에서 시간을 보낸다.

- **내가 좋아하는 오브제로 공간 꾸미기**

포스터 한 장, 손때 묻은 컵 하나처럼 좋아하는 물건이나 색감이 주는 안정감을 즐기자.

- **소리와 음악으로 공간에 감정 더하기**

잔잔한 재즈, 새소리 ASMR… 작은 블루투스 스피커 한 대로 공간에 감성과 분위기를 더해 본다.

- **밤이 되면 조도를 낮추고 나를 쉬게 하기**

빛과 감정의 출력양을 낮춰야 제대로 된 휴식이 시작된다.

- **최소 하루 한 번 창문을 열어 공기 순환시키기**

창문을 열어 바람을 쐬면, 기분도 생각도 환기된다.

- **감사 일기나 짧은 메모로 하루 정리하기**

고요한 공간에서 마음을 다독이는 작은 루틴을 만들자.

- **집 안을 산책하듯 걷기**

일상이 영혼 없이 흘러가지 않도록, 천천히 바라보며 걷자.

- **일과 쉼을 구분하는 작은 구조 만들기**

일하는 책상과 쉬는 소파는 '전환의 경계선'이 되므로 결코 섞이
지 않도록 한다.

불안의 시대, 집이 더 중요한 이유

우리는 지금 불안의 시대에 살고 있다. 뉴스에서는 매일 경제
의 불확실성과 사회적 긴장을 전하고 정서적 고립과 관계의 단절이

보편의 일상이 되어 버렸다. 미래는 예측하기 어렵고 오늘도 내일도 똑같이 불안하기만 하다. 안정이라는 단어는 더 이상 쉽게 손에 닿지 않는다. 그래서 사람들은 질문하기 시작했다. '내가 나를 붙들 수 있는 곳은 어디일까?' 답은 멀리 있지 않다. 바로 '집'이다.

불안한 시대일수록 인간은 익숙한 것에서 안정을 찾는다. 변하지 않는 가구 배치, 매일 아침 들어오는 햇살, 내가 놓은 쿠션 하나조차 어제와 같은 자리에서 나를 맞이해 준다면 마음속 작은 파도가 조금은 잦아들기 마련이다. 그 익숙함이 주는 감정은 단순한 편안함이 아니다. 그것은 이 시대에 우리가 간절히 원하는 확실성이다.

불안한 시대의 특징은 내가 통제할 수 없는 부분이 너무 많다는 것이다. 그래서 우리는 무언가라도 통제하고 싶어 한다. 그중 가장 먼저 손댈 수 있고 가장 빠르게 효과를 확인할 수 있는 곳이 바로 집이라는 공간이다. 전 하버드대 교수이자 심리학자인 조던 피터슨은 자신의 저서 『12가지 인생의 법칙』에서 세상을 탓하기 전에 자기 방부터 치우라고 말했다. 그의 조언은 자기 삶을 개선하고 싶다면 의지를 갖고 작은 행동부터 시작하라는 의미를 담고 있다. 방이 어지럽다는 것은 삶이 혼란스럽고 통제되지 않고 있음을 뜻한다. 공간을 작은 부분이나마 조금씩 통제할 수 있게 되면, 삶을 통제하는 능력 또한 얻을 수 있다.

어지러운 세상 속에서 자기만의 질서를 만들 수 있는 공간이 있다는 것. 이는 삶 전체의 무게중심을 바로잡을 수 있음을 의미한다. 인간의 불안은 쉽게 사라지지 않는다. 하지만 불안을 다루는 법은 배울 수 있다. 그리고 이는 집에 의미를 부여하는 것에서부터 시작될 수 있다. 그 과정에서 우리는 조금씩 회복되고 세상에 휩쓸리지 않을 나만의 중심을 굳혀 가게 된다.

회복이 일어나는 집의 3대 원칙

익숙함	나를 반기는 가구, 루틴, 조명 그리고 예측 가능한 안정감이 있다.
자율성	직접 고른 색, 배치, 공간의 규칙으로 나를 표현한다.
의미 부여	공간에 의식을 담으면 그곳이 회복의 장이 된다.

Layer 3.

나만의
리커버리 스페이스
만들기

공간의 리셋은 삶의 리셋이다. 공간이 바뀌면 삶이 바뀐다. 살다 보면 불현듯 이대론 안 될 것만 같고, 지금의 삶과 생활을 바꾸고 싶다는 생각이 들 때가 있다. 이를 위해선 무언가 대단한 결심을 해야만 할 것 같고 한참을 고민해야 할 것처럼 느껴지지만 의외로 그 시작은 익숙한 물건 하나를 치우는 데서부터 비롯되곤 한다.

어떤 고객은 거실 소파를 창가로 옮겼을 뿐인데 매일 스마트폰만 들여다보던 시간이 책과 대화하는 시간으로 바뀌었다고 했다. 또 다른 고객은 침대 머리맡에 작은 식물을 두었을 뿐인데 매일 밤 감사의 기도를 드리는 습관이 생겼다고 했다. 공간이 먼저 바뀌고 감정이 그 뒤를 따라, 행동이 또 그 뒤를 따라 달라진 것이다. 이런 의미에서 공간의 리셋은 단순히 분위기를 전환하는 것이 아닌, 정체된 삶에 순환을 다시 불어넣는 심리적 전환 의식이라 할 수 있다. 스스로를 갇힌 틀에서 끌어내고 새로운 시야를 확보하게 만드는 장치. 이른바, 물리적 구조를 바꾸면 정서적 구조가 재구성된다는 것과 일맥상통한다.

공간을 바꾸는 행위는 심리의 흐름을 다시 디자인하는 일이다. 우리는 공간 안에서 무의식적으로 자신의 존재감을 확인하고 또 다시 살아갈 힘을 얻는다. 그러니 삶이 무너질 것 같을 땐 공간을 정리하라. 삶이 막막할 때 햇살이 드는 자리를 만들라. 삶이 지루할 때, 공간의 색을 바꿔 보라. 당신이 사는 공간이 곧 당신의 삶을 만든다.

의식의 흐름을 끊는
장애물을 제거할 것

누구나 한 번쯤 이런 경험을 해 본 적이 있을 것이다. 무언가를 해 보려 마음먹고 책상 앞에 앉았는데 이상하게도 손이 움직이지 않는다든가, 분명 의욕은 있었는데 집중이 안 되고 괜히 스마트폰만 만지작거리다 하루를 흘려보내는 경우 말이다. 그럴 때 우리는 종종 '나는 왜 이렇게 게으를까?' '왜 이렇게 의지가 없을까?'라며 스스로를 탓하곤 한다. 하지만 그 까닭을 찾아 거슬러 올라가면, 내 마음이 머무는 공간에서 실마리를 발견할 때도 있다. 눈에 거슬리는 어질러진 물건들, 등을 구부리게 만드는 불편한 의자, 어두컴컴한 조명과 시야를 가로막는 가구의 배치 같은 것들이 나도 모르게 나의 무의식을 방해하고 목표로 향하는 흐름을 끊어 놓았을 수 있다.

과도하게 많은 물건과 시각적 혼란

문득, 집 안을 둘러본다. 책상 위에는 언제 샀는지도 기억나지 않는 펜과 종이들이 쌓여 있고 한 번도 펼쳐 보지 않은 잡지들이 식탁 한구석을 차지하고 있다. 옷장은 가득 차다 못해 넘치고 서랍 속은 자잘한 물건들로 엉켜 있다. 어디서부터 손을 대야 할지 몰라 그냥 눈을 감는다. 이 모든 것들이 물건인 동시에 나의 정신을 지치게 만드는 시각적 소음이라는 사실을 우리는 자주 잊는다.

물건이 쌓이면, 마음도 짓눌린다. 시각적 혼란은 단순한 불편을 넘어 생각과 감정, 심지어 행동의 리듬까지 무너뜨린다. 눈에 들어오는 어수선함은 뇌를 끊임없이 (부정적인 방향으로) 자극한 끝에 결국은 집중력을 빼앗고 피로감을 누적시킨다. 물건이 너무 많아지면 선택 자체가 힘들어진다. 아침에 어떤 옷을 입을지 고르다 지쳐 버리고, 원하는 책 한 권을 찾기 위해 쌓여 있는 책더미를 뒤적이다 아예 읽을 생각을 접는다.

공간은 원래 우리를 돕기 위한 것이지만, 물건이 주인이 되면 삶의 주도권은 그 물건으로 넘어간다. 그 많은 물건들이 어쩌다 내 곁에 남게 되었을까? 사실 우리가 물건을 쌓아 두는 이유는 단순히 게을러서가 아니다. 과거의 추억, 언젠가 쓸지도 모른다는 불안감, 비워 내면 공허할지도 모른다는 두려움이 물건에 달라붙어 있기 때문이다. 그리고 그 감정들은 말없이 우리의 일상과 마음을 조용히 잠식

한다. 하지만 물건이 적을수록 선택은 간결해지고 그만큼 생각도, 움직임도, 나의 하루도 가벼워진다. 한 고객은 옷장을 정리한 후 이렇게 말했다. "아침마다 옷장 앞에서 10분 넘게 서 있었는데 이젠 1분이면 충분해요. 그 시간에 아이에게 아침 인사도 건넬 수 있고 잠시 스트레칭도 할 수 있더라고요."

이제부터라도 내가 공간의 주인이 되어 보자. 그래야 내가 목표로 가는 길목에서 덜 헤매고 더 단순하게, 더 나답게 살아갈 수 있다.

（ 실천 가이드 ）

시각적 혼란을 줄여 주는 소소한 시작 세 가지

• 책상 위에 단 하나의 물건만 남겨 보기

자주 쓰는 물건 하나만 남기고 나머지는 모두 박스에 담아 본다.

• 하루에 서랍 한 칸씩 정리하기

작게 시작하면 덜 두렵고, 성취감은 더 큰 법이다.

• 입지 않는 옷은 미련 없이 기부하기

지금 입지 않는다면, 앞으로도 입지 않을 확률이 높다.

빛과 공기로 공간을 숨 쉬게 만든다

우리는 때때로 어둡고 답답한 터널을 지나는 순간을 삶의 고난에 빗대곤 한다. 끝이 보이지 않는 그 터널 속을 지나갈 때면 무언가에 짓눌린 듯 마음이 무겁고 숨조차 제대로 쉬어지지 않는다. 그리고 우리는 이 같은 감각을 우리가 사는 집 안에서도 꽤 자주 느낀다. 자연광이 거의 들지 않는 방, 오랜 시간 닫힌 창문, 공기가 순환하지 않고 고여 있는 공간에 오래 머물면 저도 모르게 기운이 빠지고 몸과 마음은 천천히 무거워진다.

상담을 통해 만난 한 여성은 늘 지치고 무기력하다며 고개를 숙였다. "아무 일도 없는데, 하루가 너무 길게 느껴져요." 그녀의 공간을 방문했을 때 집 안은 짙은 암막 커튼으로 햇빛이 차단되어 있었고 창문은 굳게 닫혀 있었다. 공기가 오래 고인 냄새가 공간에 가득했지만 그녀는 "햇빛은 눈부셔서 싫고, 창문을 열면 바깥 소리가 너무 시끄러워요"라고 말했다. 어쩌면 그 말은 단지 공간의 상태를 설명한 것이 아니라 세상과 자신의 마음 사이에 거리를 두고 싶은 그녀의 속마음이었을지도 모른다.

나는 조심스레 시간을 들여 그녀와 대화를 나누었고, 아주 천천히 커튼을 걷고 창문을 열었다. 바람이 들어오고 빛이 방 안에 스며드는 그 순간, 그녀는 한참 동안 창밖을 바라보다 조용히 말했다. "햇살이… 이렇게 따뜻했나요?" 그 짧은 한마디는 단지 날씨에 대한 감상이 아니었다. 오랫동안 닫아 두었던 마음 한쪽을 조금 열어 본 아주 조용한 변화의 시작이었다.

빛과 공기는 단순한 자연의 요소가 아니다. 이것들은 우리 삶을 구성하는 가장 본질적인 에너지이며 동시에 우리가 무의식중에 의지하고 있는 회복의 매개체이다. 자연광은 하루의 시작을 알려 주고 우리의 생체리듬을 조율하며 활력을 불어넣는다. 특히 아침 햇살은 수면 호르몬인 멜라토닌의 분비를 억제하고 기분을 안정시키는 세로토닌의 분비를 늘려 활기찬 하루의 토대가 되어 준다.

그리고 우리가 가장 무심하게 대하지만 사실은 그 어떤 것보다도 없어서는 안 될 존재가 바로 공기이다. 막힌 공간에서는 아무리 좋은 생각도 흐름을 잃게 되는 법이고, 감정도 쓸데없이 무거워진다. 반대로 공기가 순환되는 공간에서는 생각이 명료해지고 감정도 조금씩 풀린다. 건축에서 빛과 공기를 설계의 중심에 두는 이유도 바로 여기에 있다. 최근에는 바람의 흐름을 고려해 환기를 돕는 패시브 디자인이나 자연의 숨결이 닿는 중정 공간을 설계에 포함해 삶의 질을 높이고자 하는 움직임이 있다. 그러나 꼭 거창한 건축적 변화가 아니더라도 괜찮다. 얇은 커튼 하나, 매일 창을 열어 환기하는 작은 습관… 이 모든 것이 내가 머무는 공간을 숨 쉬는 공간으로 바꾸는 시작이 될 수 있다.

무기력하고 지칠수록 우리는 괜히 더 스스로를 어둡고 좁은 공간에 가두곤 한다. 그럴 때일수록 밝은 빛이 머무는 자리에 앉아 조용히 눈을 감아 보거나, 시원한 바람이 스쳐 지나가는 감각을 느껴 보는 것, 그렇게 공간을 통해 내 삶을 새롭게 들여다보고 다시 호흡하는 전환이 필요하다. 빛과 공기는 언제나 우리 곁에 있다. 다만 우리가 그것에 얼마나 마음을 열어 두느냐에 따라 삶은 다르게 흘러간다. 어쩌면 목표를 향해 나아가는 데 가장 필요한 건 복잡한 계획이 아니라 햇살이 닿는 자리에서 마음을 열고 다시 시작해 보는 용기일지도 모른다.

$$\boxed{\text{실천 가이드}}$$

공간에 호흡을 불어넣는 작은 실천들

- 집 안의 가장 밝은 자리로 작업 공간 옮기기
- 최소 하루 2회, 창문을 열고 공기 순환시키기
- 창문 가리개는 얇고 투명한 소재로 바꾸기
- 집 안의 어두운 공간에 간접조명 하나 켜 주기
- 향초나 에센셜 오일로 공간의 공기 정화하기

불편한 공간, 삶의 리듬을 깨뜨리는 동선

우리가 매일 반복하는 움직임, 그 안에 담긴 동선은 단순한 방향 혹은 자취 그 이상의 의미를 지닌다. 동선이란 사람이 공간 안에서 목적을 이루기 위해 움직이는 경로를 의미한다. 이 경로가 얼마나 자연스럽고 편안한지에 따라 우리의 하루가 달라진다. 한 걸음 한 걸음 불편함이 쌓이면 그 하루는 버겁고 무겁게 느껴진다. 예를 들어 집 안의 중심인 주방을 생각해 보자. 조리를 하려면 냉장고에서 식자재를 꺼내 싱크대에서 씻고 불을 켜고 조리 도구를 쓰는 일련의 동작들이 자연스럽게 이어져야 한다. 그러나 물건이 제자리에 없거나 자주 쓰는 도구가 손에 닿기 어려운 곳에 놓여 있다면 작은 걸음걸음마다 불필요한 힘이 들어가고 그만큼 우리의 마음도 지쳐 간다.

책상 앞에 앉았을 때도 마찬가지이다. 필요한 자료가 가까이 있어야 손쉽게 일에 몰입할 수 있다. 매번 먼 곳까지 손을 뻗어야 한다면 그사이에 집중력이 흐트러지고 만다. 이렇게 되면 생산성은 떨어지고 목표에 가까워지기보다 한 발짝 뒤로 밀리는 기분이 들기도 한다.

더 나아가 휴식 공간과 작업 공간이 분리되지 않는다면 일과 쉼의 경계도 흐릿해진다. 누군가에겐 식탁이 일터가 되었고 누군가에겐 거실이 사무실이 되어 버렸다. 심지어 침대 위에서마저 노트북을 펼치는 경우도 허다하다. 하지만 공간을 분리해야 우리 뇌도 '업무 모드'와 '휴식 모드'를 구분 지을 수 있다. 또한 무심히 걸어 놓은 비전 보드 하나, 좋아하는 문구가 적힌 액자 하나가 공간에 상징성을 부여하기도 한다. 이런 사소한 디테일이 우리의 마음속 목표를 조용히 일깨우고 방향을 잃지 않도록 붙잡아 준다.

내가 머무는 공간이 나의 삶을 돕는 동반자가 되게 하려면, 우리는 먼저 그 공간 속 나의 움직임을 세심히 살펴봐야 한다.

(실천 가이드)

동선 잘 정하는 법

• **자주 쓰는 물건은 '한 걸음 안에' 두기**

필요한 물건이 손을 뻗으면 바로 닿는 위치에 있으면, 집중력이 흐트러지지 않아 흐름이 끊길 일이 없다. 자주 사용하는 문구류, 리모컨, 조리 도구는 자연스럽게 손에 닿는 거리에 두어 동선을 깔끔하고 효과적으로 운용하자.

• **'걸림'의 순간을 관찰하기**

문을 열다 가구에 부딪히거나, 무언가 꺼내기 위해 계속 허리를 숙여야 한다면 동선에 문제가 있다는 신호다. 매일 불편을 느끼는 지점을 하루 한 가지씩만이라도 기록해 보자. 작은 '걸림'이 쌓이다 보면 큰 에너지 손실로 이어진다.

• 동선 따라 걷기

하루 중 내가 가장 자주 걷는 공간의 루트를 따라 걸으며, 동선을
눈으로 확인해 보자. 불필요하게 돌아가는 길이 있다면 가구 배치
나 수납 위치를 바꾸는 것만으로도 공간을 훨씬 효율적으로 운용
할 수 있다.

• 가구의 위치를 자유롭게 바꿔 보기

책상과 침대, 식탁과 소파가 모두 특정 공간에 고정되어 있어야
한다는 법은 없다. 한 번쯤은 평소와 다른 과감한 배치를 해 보자.
창가 쪽으로 책상을 옮겼더니 아침 햇살을 받으며 일할 수 있어
하루가 가벼워졌다는 사람들도 많다.

• 일과 쉼의 '경계' 만들기

침대 옆에 노트북을 두고 일하거나, 작업 공간에 휴식용 쿠션을
두는 건 일과 쉼의 구분을 흐리게 한다. 공간을 나누기 어려운 집
이라면 시각적으로라도 '경계'를 설정하는 편이 좋다. 러그, 조명,
파티션 등을 통해서도 얼마든지 공간 분리가 가능하다.

더 나은 삶을 위한 공간 리셋의 원칙

공간을 바꾸고 싶다면 그 첫걸음은 언제나 '비움'에서 시작해야 한다. 물건을 비운다는 건 단순히 자리만 만드는 일이 아니다. 내 마음 구석구석을 조용히 들여다보고 과거에 붙잡힌 감정들을 하나씩 정리하는 일이다. 우리는 종종 물건을 버리지 못한다. 그것이 언젠가 필요할지도 모른다는 막연한 불안과 한때의 기억을 붙잡고 싶은 아쉬움 때문이다. 그러다 보면 물건들이 쌓인 끝에 정작 나 자신은 설 곳을 잃고 만다. 그러니 미련 없이 비우고, 그다음 잘 채우자. 진짜 변화는 그 빈자리에 무엇을 담을지를 스스로 결정할 때 일어난다. 그럼 이제부터 제대로 비우고 다시 채우는 공간 리셋의 기본 원칙을 살펴보도록 하자.

첫걸음, 비움과 여백의 미학

한 고객은 늘 거실에서 잠을 자곤 했다. 원래 침실로 사용하던 방이 있긴 했지만, 수년간 쌓인 짐들로 인해 편히 쉴 만한 공간이 없었다. '나중에 치워야지'라는 말만 되풀이한 채, 업무는 식탁에서 휴식은 소파에서 취하며 하루하루를 보냈다.

그러다 결국 그녀는 '나는 왜 이렇게 무기력할까?'라고 스스로에게 되물었고, 거기서부터 변화가 시작되었다. 침실에 쌓인 물건을 모조리 꺼내서 필요한 것만 고르고, 쓸모없는 기억과 물건을 과감히 놓아주자 비로소 한 칸의 여백이 생겼다. 그 여백은 이내 침대와 책상이 들어갈 자리가 되었다. 새롭게 구성된 방은 더 이상 창고가 아닌 '나를 위한 방'으로 다시 태어났다.

비움은 단지 물리적인 여유 공간을 만드는 것뿐만이 아니라 감정의 순환을 돕고 삶의 균형을 회복시키는 시작점이 된다. 건축가들이 공간에 여백을 남기는 이유는 그들의 미적감각 때문만이 아니다. 여백은 사용자가 숨 쉴 수 있는 틈이자 생각의 공간이다. 과하게 채워진 공간에서는 시선도, 마음도 쉴 곳이 없다. 반대로 여백이 있는 구조는 사용하는 이로 하여금 자신의 이야기로 그 공간을 완성하게 만들고 그 안에서 상상하고 쉬고 다시 앞으로 나아갈 힘을 축적하게 한다. 물건이 빽빽하지 않을 때 우리는 자연스럽게 주변을 돌보게 되고 무심코 지나쳤던 햇빛 한 줄기나 바람의 움직임에도 민감

해진다. 공간이 주는 감각은 그렇게 우리의 감정을 되살리는 통로가
된다.

　　버리는 것이 정 어렵다면, 때로는 남기는 것에서부터 시작해
도 좋다. 쌓아 둔 모든 물건을 다 꺼내어 꼭 필요한 것부터 남겨 본다.
나누어 줄 물건, 고쳐 쓸 물건, 다른 공간에 옮길 물건을 분류하고 마
지막까지 손이 가지 않은 것들은 감사한 마음으로 떠나보낸다. 그렇
게 정리한 후 남겨진 공간은 단순한 빈 공간이 아닌, 가능성을 담은
여백이 된다. 우리는 그 여백 안에서 비로소 '나'라는 사람을 다시 정
의하게 된다.

공간의 목적을 정하라

목적이 없는 방, 기능을 잃은 공간은 결국 마음까지 흐릿하게 만든다. 공간의 용도는 그저 단순히 구조만을 의미하는 게 아닌, 삶에 대한 태도를 반영한다. 공간을 다시 설계할 때는 가장 먼저 그 안에서 내가 어떤 모습으로 살고 싶은지를 떠올려야 한다. 이곳은 누구의 공간인가? 주로 무엇을 하기 위한 공간인가? 함께 쓰는 공간이라면 누가 어떻게 사용하는가? 이런 질문은 단지 인테리어를 위한 것이 아니라 사용자를 배려하고 생활을 존중하는 과정이다.

앞서 강조한 것처럼 사람의 동선은 곧 생각의 흐름과도 같다. 자주 쓰는 물건이 멀리 있다면 그만큼 쓸 때마다 에너지가 새어 나간다. 필요한 것들이 손에 가까이 닿을 수 있을 때 삶은 덜 피곤하고 더 효율적으로 흘러간다.

공간을 기능에 맞게 나누는 것도 중요하다. '집중' '휴식' '소통'처럼 목적별로 구역을 구분하면 공간을 더욱 직관적으로 사용할 수 있다. 업무에 집중해야 하는 곳이라면 시야를 차단하는 배치를 통해 몰입감을 높이고, 휴식이 필요한 곳이라면 부드러운 조명과 따뜻한 촉감의 패브릭을 사용해 심리적 안정감을 주는 것이 좋다. 가족구성원이 함께 시간을 보내는 거실 같은 사회적 공간은 이동이 편하고 자연스럽게 소통할 수 있는 구조로 구성해야 한다.

가구 배치 역시 사용자의 시선과 동선, 심리적 안정까지 고려해야 한다. 입구에는 낮은 가구를 배치하고, 안쪽으로 들어갈수록 시선을 따라 높은 가구를 배치하면 공간은 더 넓고 안정적으로 보인다. 벽을 전부 가리는 느낌으로 가구를 둘러 세우는 대신, 여백을 두고 'ㄴ자'나 'ㄷ자' 동선으로 배치하면 시야가 열리고 마음에도 숨통이 트인다.

특히 아이가 있는 집이라면 가구의 높이와 안정성은 더욱 중요하다. 높은 책장 위에 있는 물건이 떨어지기라도 하면 아이는 치명적인 부상을 입을 수 있다. 불안정한 가구 하나가 공간 전체의 신뢰감을 떨어뜨리는 셈이다. '심리적 안전'은 물리적 안전에서 시작된다. 불안한 구조에서 우리는 결코 편히 쉴 수 없고, 집중하거나 창의적으로 생각할 수 없다. 공간은 우리를 안전하게 지지해 주는 무형의 파트너이다.

실천 가이드

삶의 목적을 담은 공간

• 공간의 용도를 한 문장으로 정의하라

'이 방은 내가 조용히 생각하는 방이다' '이 자리는 아이와 함께 책을 읽는 공간이다' 같은 한 문장이 공간에 숨을 불어넣는다.

• 가장 자주 사용하는 사람의 입장에서 동선을 그려 보라

아침에 일어나서 사용하는 물건의 위치, 식사 시간의 이동 동선, 일할 때 집중을 방해하는 요소들을 도면 없이 머릿속으로 시뮬레이션해 본다.

• '집중, 휴식, 소통'이라는 세 가지 목적에 맞는 공간을 각각 마련하라

누구에게든, 어떤 집에든 이 세 가지 목적에 맞는 공간은 반드시 필요한 법이다. 이 세 가지 중 어느 하나라도 빠지게 된다면 삶도 불안정하고 불균형해질 수밖에 없다.

• 사용자와 함께 공간을 설계하라

아이가 있는 집이라면 '아이의 시선'으로 공간을 바라보는 경험이 필요하듯 공간을 사용하는 사용자에 맞춰 벽의 높이, 가구의 소재나 배치 등을 구성해야 편리하고 효율적인 공간을 만들 수 있다.

가구를 재배치하라

공간의 목적을 정하고 그에 맞게 채우는 일은 대개 가구를 다

시 배치하는 일에서부터 시작된다. 상담을 위해 나를 찾은 4인 가족의 경우가 특히 기억에 남는다. 맞벌이 부부는 이른 아침 출근하고 늦은 밤에 퇴근을 했다. 집에서 가장 많은 시간을 보내는 가족구성원은 초등학교 고학년의 쌍둥이 남아 둘이었다. 일반적으로 남자아이들은 활동성이 강하고 움직임이 많기 때문에, 무엇보다도 안전성과 편리함을 고려한 가구 배치가 우선시되어야 했다. 반면 부부는 늦은 밤에 퇴근하는 일이 잦았으므로, 수면을 취할 때 편리한 동선과 숙면을 위한 구조적 배치가 필요해 보였다.

당시 내가 그 집에서 가장 문제라고 생각했던 것은 거실에 배치된 수납장이었다. 천장에 맞닿을 만큼 키가 높은 가구인 데다가, 조금만 잘못 건드려도 물건이 우르르 쏟아질 정도로 살림살이가 가득 들어차 있어 아슬아슬해 보였다. 또 하나 아쉬운 점은 부부의 방과 쌍둥이 방의 위치였다. 보통 부모가 안방을 사용하는 게 일반적이긴 하지만, 집 안에서 가장 많은 시간을 보내는 쌍둥이의 방이 빛이 전혀 들지 않는 가장 작은 방인 게 문제였다. 반면에 해가 진 후 집에 돌아오는 데다 숙면이 필요한 부부의 방은 햇살이 가장 잘 드는 널찍한 공간이었다.

그래서 우선 거실의 가구를 키가 낮은 가구로 재배치했다. 거실의 벽면을 가득 채우고 있던 기존 수납장 대신 키가 조금 더 낮은 수납장을 배치하자, 벽면에 여백이 생기고 천고가 높아 보이는 효과가 있었다. 또한 쌍둥이의 방과 부부의 침실을 서로 바꾸는 것을 제안했다. 아이들의 방은 채광과 활동 편의성을 살리고, 부부에게는 아늑함과 수면의 질을 높이기 위함이었다.

가구의 재배치는 단순한 위치 변화만을 뜻하지 않는다. 이는 삶의 흐름을 바꾸고 내면의 감정을 새롭게 정돈하는 행위이다. 가구의 위치를 바꾸는 건 보기 좋게 꾸미기 위함이 아니라 살아가는 방식에 맞게 질서를 다시 세우기 위함이다. 결국 공간은 그 안에 사는 사람의 리듬과 에너지를 따라가야 한다. 아무리 좋은 소파와 고급스러운 책장이 있어도 그것이 나의 생활과 맞지 않으면 불편하고 피로해질 수밖에 없다.

한번은 이런 상담 사례가 있었다. 늘 거실에서만 시간을 보내는 여성이 있었는데, 그녀는 침실이 불편하다고 말했다. 알고 보니 침실 한가운데에 놓인 큰 붙박이장이 시야를 막고 있었고, 문 바로 옆에 자리한 침대는 누웠을 때도 불안정한 느낌을 주었다. 침대를 창가 쪽으로, 장을 벽 쪽으로 옮긴 다음 낮은 테이블 하나를 들이자 그녀는 비로소 침실에서 오롯이 잠을 자고 쉴 수 있게 되었다.

가구를 재배치하는 일은 마치 내 삶의 어수선한 부분을 다시 정렬하는 것과도 같다. 너무 복잡하게 얽혀 있는 관계, 시간이 지나 더 이상 맞지 않는 역할들, 쌓아 두기만 했던 감정들… 이 모든 것을 다시 바라보고 '지금의 나'에 맞게 조정하는 행위와도 다름없다. 그렇기에 공간을 새롭게 조율하는 일은 단순한 물리적 재구성이 아니라 자기 이해의 과정이며 감정의 균형을 되찾는 수단이 된다.

가구 재배치로 삶의 흐름 바꾸기

· 자신이 집 안에서 어떤 경로로 움직이는지 정확히 파악하기

하루 동안 자신이 집 안에서 움직이는 경로를 종이에 간단히 그려 보자. 주방에서 거실, 화장실, 침실로 이어지는 동선에서 불편함을 느꼈던 지점을 표시해 본다. 실제로 많은 사람들이 '잘못된 가구 배치'로 인해 자신도 모르게 피로를 누적시키고 있다.

· 가구 하나만 바꿔도 공간의 분위기가 달라진다

기존에 방을 가로막고 있던 가구를 벽 쪽으로 옮기거나, 지나치게 높은 수납장을 낮은 선반으로 교체하는 것만으로도 공간은 훨씬 여유로워진다. 가구의 높이와 위치가 사람의 시선과 심리에 큰 영향을 미친다는 점을 기억하자.

· 심리적 안정감을 위해 공간에 개방감을 확보하자

모든 벽면에 가구를 가득 채우기보다는 일부 공간은 의도적으로 비워 두자. 여백은 단순한 공백이 아니라 숨 쉴 틈이며, 잠시 생각을 멈추고 또다시 시작할 수 있는 심리적 쉼표가 된다.

• 집 안에서의 '중심'을 새로 설정하라

집 안의 중심이 되는 가구나 공간이 있는가? 이전에는 TV가 있는 거실이 중심이었다면, 이제는 햇살이 잘 드는 창가에 책상 하나를 두고 그곳을 새로운 중심으로 삼을 수도 있다. '어디서 시간을 가장 오래 보내고 싶은가'는 중요한 질문이다.

• 정서적 기능이 담긴 가구는 남기고, 기능만 있는 가구는 점검하라

오래된 식탁이라도 가족의 추억이 담겼다면 다른 용도로 재배치하는 방법을 고려하고, 기능은 문제없어도 정서적으로 불편한 가구는 과감히 내려놓는 결정을 하자. 공간은 물건보다 감정에 반응한다.

공간에 자연의 요소와 컬러를 더하라

공간이 살아 숨쉬기 시작할 때, 마음도 따라 숨을 쉰다. 그러기 위해서는 공간을 정적으로 두는 것이 아니라 유기적으로 살아 있게끔 해야 한다. 그런 의미에서 앞서 강조했듯, 자연 요소를 공간 안으로 들이는 일은 감각을 깨우고 감정을 회복하는 데 반드시 필요한 일이다. 복잡하거나 어려울 것 없다. 화분 하나를 창가에 두는 것만으로도 변화는 시작된다. 바쁜 일상에서 푸른 잎 하나를 바라보는 여

유는 우리가 잊고 지낸 '숨'의 감각을 되살린다. 식물이 공간 안에 있을 때 공기는 더 맑아지고 시선은 부드러워지며 마음은 차분해진다. 플랜테리어*plant+interior*라는 말이 유행처럼 번진 이유도 여기에 있다. 식물은 단지 시각적인 요소만이 아니라 생명력을 연상시키는 자연의 상징이기 때문이다.

색 또한 매우 중요하다. 나는 비영리단체를 운영하면서 봉사활동으로 자립준비청년들(아동양육시설, 공동생활 가정, 가정위탁 등의 보호를 받다가 만 18세 이후 보호가 종료되어 홀로서기에 나서는 청년)의 집을 개선하고 심리적으로 안정감을 느낄 수 있는 공간으로 조성해 주는 프로젝트를 진행해 왔다. 자립준비청년 대상자의 경우, 독립적인 생활이 어려운 경우가 많다. 성인이 되어 처음으로 홀로 살게 되었으니 집을 어떻게 관리하고 그곳에서 혼자 어떻게 지내야 하는지 알지 못하는 경우가 대부분이다. 바로 이런 이유로, 이 프로젝트는 내가 가장 심혈을 기울여 진행하는 작업이기도 하다. 이때 만나는 대상자들은 심리적으로 불안정하고 우울감이 높으며 여러 가지 분야에서 의욕이 상실된 경우가 많다. 그래서 집의 구조를 개선하고 체계적인 동선으로 집을 정리하는 작업도 작업이지만, 무엇보다도 벽면, 장식 등의 컬러를 신중하게 고르고 배색하는 편이다.

그중 한쪽 벽면을 노랑으로 도색한 경우가 특히 기억에 남는다. 이 청년은 독립한 지 오래되어 다른 청년들에 비해 자립심이 다소 강하고 생활력이 있었지만 어려서부터 가족을 역부양하고 살아온 경우라 직장 생활에 지쳐 있었고 우울감으로 인해 생기가 부족했다. 그녀의 집 한쪽 벽을 노랑으로 칠한 건 그래서였다. 진한 노랑은 외려 불안이나 긴장감을 유발할 수 있지만, 부드러운 노랑이나 파스텔 계열의 라임색과 같은 컬러는 생동감과 동시에 세련된 분위기를 연출할 수 있다.

아이 방이나 아늑함을 연출하고 싶은 공간에는 채도가 높은 베이비블루 컬러를 활용하는 것도 좋다. 베이비블루는 부드럽고 밝은 느낌을 주지만 따뜻한 온도감도 가지고 있으므로 심리적 안정이 필요한 공간에 배치하는 컬러로 적합하다.

촉감도 중요한 요소이다. 돌, 나무, 천연섬유 같은 자연 소재가 손끝과 맞닿을 때, 우리의 정신과 신체는 알게 모르게 편안해진다. 천연 대리석의 서늘한 감촉, 거친 나무의 질감, 부클레 소파의 부드러움 등은 사람의 몸과 마음을 안심시키는 자연의 언어가 된다. 물론 지나친 자연 요소의 남용은 도리어 피로감을 줄 수 있으며, 너무 많은 식물을 두어 관리하지 못하면 공간이 어지럽고 지저분해 보일 수 있다. 그러니 스스로 관리할 수 있는 정도의 자연만 공간 안으로 들이자. 높낮이가 다른 식물 한두 가지, 촉감 좋은 패브릭 정도면 충분하다.

자연 요소를 공간에 들이는 방법

• 공간마다 식물 한 가지 두기

각 공간에 꼭 하나씩, 살아 있는 생명을 들여 보자. 침실에는 산세베리아나 틸란드시아처럼 공기정화에 좋은 식물을, 거실에는 포인트가 되는 몬스테라나 고무나무를, 주방엔 향긋한 허브나 수경재배 식물을 두는 것도 좋다.

• 자연의 질감이 드러나는 소재 사용하기

부드러운 리넨 커튼, 질감이 살아 있는 원목 테이블, 천연 암석을 재료로 한 캔들 받침 등 감각적으로 자연을 느낄 수 있는 소재를 적극 활용하자. 자연은 눈으로만 감각되는 게 아니다. 손끝, 발끝, 그리고 향기로도 기억된다.

• 자연광 활용은 기본

책상, 소파, 식탁 같은 주요 활동 공간을 자연광이 들어오는 곳에 배치하자. 자연광은 생체리듬을 조절하고 기분을 회복시키는 '보이지 않는 약'이다. 커튼은 너무 무겁지 않은 소재를 사용해 햇빛이 여과되어 들어오도록 조절하자.

컬러 요소를 공간에 들이는 방법

• 세 가지 색으로 공간의 감정 톤 정하기

주조색: 전체 분위기를 결정짓는 기본색. 화이트, 아이보리, 그레이처럼 안정적인 색이 좋다.

보조색: 공간에 깊이를 주는 색. 내추럴 베이지, 연한 우드, 크림색 등이 대표적이다.

포인트 색: 감정을 움직이게 하는 '주인공' 컬러. 로즈 핑크, 올리브 그린, 코랄, 딥 블루 등이 있다.

예시) 화이트+내추럴 베이지+핑크: 따뜻하고 사랑스러운 공간 / 그레이+우드 브라운+네이비: 안정적이고 세련된 공간 등.

• 컬러는 빛과 만나야 진짜 힘을 낸다

햇살이 스미는 창가 옆, 벽 한쪽, 커튼 아래, 쿠션 위 등 자연광이 드는 곳에 컬러로 포인트를 주는 것이 좋다. 무거운 커튼은 피하고 가벼운 시폰 커튼이나 리넨 소재를 활용해 빛이 자연스럽게 번지도록 한다. 자연광은 컬러의 생명력을 살리고 공간을 더 생기 있게 보이도록 만들어 준다.

• 자연에서 얻은 색으로 안정감 높이기

마음을 차분하게 만드는 자연의 컬러를 공간에 더하면 공간 자체, 그리고 그곳에서 생활하는 사람의 심리적 안정감을 높일 수 있다. 자연 소재 소품(우드 트레이, 천연 패브릭 쿠션 등)과 함께 활용하면 질감과 색의 조화로 더 풍부한 감각 자극을 줄 수 있다.

예시) 심리적 안정감을 주는 푸른 하늘의 블루 컬러, 따뜻하고 중립적인 배경색에 어울리는 모래나 돌의 베이지(혹은 그레이) 컬러, 활력과 휴식의 균형을 맞추는 숲과 나뭇잎의 그린 컬러, 신뢰감과 안정감을 제공하는 우드 브라운 컬러 등.

• 감정을 부드럽게 건드리는 컬러 포인트 추가하기

내가 좋아하는 색, 나를 기분 좋게 하는 색의 소품을 공간에 더해 본다. 예쁜 꽃 한 송이, 소파 위의 쿠션, 침대의 베개 커버, 색감 있는 액자나 캔버스 아트 등 다양한 소품을 찾을 수 있을 것이다.

• 계절과 기분에 따라 컬러를 바꿔 보기

공간의 컬러를 한 가지로 고정하지 말고 계절과 감정에 따라 유연하게 교체하면 나를 위한 컬러 처방전을 지을 수 있다. 조금 우울한 기분이 든다면 '어떤 색이 나를 다독여 줄 수 있을까?'라는 질문을 스스로에게 던져 보자.

예시) 봄: 라이트 핑크, 라일락, 연두 / 여름: 화이트, 민트, 시원한 블루 / 가을: 브라운, 오렌지, 카키 / 겨울: 다크 네이비, 차콜, 와인 레드 등.

집 안 곳곳이
리커버리 스팟

그간 다양한 사람들을 만나면서 공간의 변화가 가져다준 삶의 변화를 나도 함께 체감해 왔다. 이 변화는 거대한 건물을 허물고 세우는 일이 아니라, 마치 한 줌의 먼지가 내려앉은 창가를 닦아 내는 순간처럼 인생의 오래되고 구석진 그림자에 새로운 빛을 비춰 주는 것과 같다. 우리에게 필요한 것은 매일 마주하는 익숙한 풍경과 공간 속에서 작은 변화를 만들어 내는 일이다. 이를테면 소파의 위치를 살짝 옮기거나 벽에 걸린 그림 하나를 교체하거나 창문을 열어 신선한 공기를 실내로 들이는 일과 같은 단순한 물리적 움직임이다. 하지만 이런 소소하고 작은 일들이 때로는 오랫동안 묵은 감정과 생각의 틀을 깨뜨리는 시작점이 되기도 하고, 우리 안에 깊게 내재된 가능성을 깨워 주는 힘이 되기도 한다. 공간의 변화를 단순히 물리적 환경의 재배치로만 생각하지 말고, 나라는 존재와 삶의 의미를 찾는 과정으로 여기면 좋겠다.

우리는 하루에도 수십 번 바깥세상과 마주하며 에너지를 소모한다. 그렇게 하루를 견디고 돌아온 집 안의 구석구석은 단순한 기능적 공간을 넘어 우리의 마음과 몸을 회복시키는 '리커버리 스팟 *recovery spot*'이 되어야 한다. 잘 설계된 집은 단순히 예쁜 공간을 넘어서 삶을 재정비하고 감정을 회복시키며 나를 다시 본래 있어야 하는 자리로, 모양으로 되돌려 놓는 치유의 장소가 된다. 지금부터는 집 안의 각 공간에 깃든 심리적 기능과 그 힘을 온전히 누리기 위해 우리가 어떻게 그 공간을 바라보고 가꿔야 하는지에 대해 살펴볼 것이다.

침실

수면 이상의 휴식이 일어나는 곳

침실은 단순히 잠만 자는 곳이 아니다. 하루를 끝내고 다시 나를 정돈하는 심리적 '종착지'이자 동시에 새로운 하루를 준비하는 '시작점'이기도 하다. 깊은 잠이란 단순히 피로 회복을 의미하는 게 아니다. 감정의 정리와 기억의 정돈, 그리고 무의식적인 스트레스 해소까지 포함하는 고차원적인 심리 회복의 과정이다. 침실의 컬러 톤, 조명, 커튼의 질감 하나하나가 인간의 감정선에 영향을 주고 무의식중에 안정을 제공한다. 침실을 정돈된 휴식의 공간으로 만들기 위해서는 특별한 장식보다도 심리적으로 안정감을 주는 가구와 소품을 배치하는 편이 좋다. 침실 전체의 컬러는 톤 다운된 그레이, 베이지, 모카, 오트밀 컬러 등과 같은 뉴트럴 계열의 색감이 좋다.

마음까지 쉬게 해 주는 침실 만들기

• 나를 감싸는 침구는 회복의 첫걸음

내 몸을 감싸는 침구류는 건강하고 편안한 수면에 직접적으로 영향을 미치므로 침실에서 가장 중요한 소품이다. 친환경 모달, 리넨, 무형광 코튼과 같은 안전한 소재를 선택하면 그것만으로도 몸과 마음이 편안해지는 효과가 있다. 특히 무염색 그대로의 자연스러움은 시각적으로도 자극을 줄이고, 피부에 닿을 때 따뜻하고 부드러운 촉감을 전해 준다. 이는 하루 내 경직돼 있던 몸의 긴장을 풀어 주고 스스로에게 '이제 괜찮다'라는 신호를 주는 회복의 언어와도 같다.

색감 또한 중요한 요소다. 밝은 베이지나 오트밀 같은 컬러는 공간 전체의 분위기를 자연스럽게 눌러 주며 시선을 차분하게 안정시킨다. 강한 색채 대신 부드럽고 내추럴한 컬러를 선택했을 때, 침실은 단순한 잠자리에서 벗어나 마음을 내려놓는 회복의 장소로 거듭난다. 우리가 매일 몸을 맡기는 침구의 질감과 색감은 결국 내면의 심리적 톤과도 연결된다. 별것 아닌 선택 같지만, 안전한 소재와 편안한 색감을 고르는 일은 자기 자신을 존중하는 행위이자 매일의 회복을 준비하는 가장 구체적인 실천에 다름없다. 침

구를 바꾸는 것만으로도 내 삶의 휴식의 질은 달라진다.

편안한 수면으로 얻는 심리적 회복만큼 중요한 게 바로 육체의 건강이다. 현대인의 삶은 오염된 공기, 각종 스트레스, 환경적 요인들로 인해 면역력이 쉽게 떨어지곤 한다. 특히 알레르기를 겪는 사람들이 점점 늘어나면서, 수면의 질은 더욱 중요한 과제가 되었다. 하루의 피로를 회복하는 가장 최적의 시간이 바로 이 같은 수면의 시간이라면, 이 순간만큼은 몸과 마음을 모두 안전하게 보호할 수 있어야 한다. 몸과 마음은 따로 떨어진 존재가 아니라 하나의 유기체이므로 몸이 편안해야 마음도 고요해지고, 마음이 편안해야 몸도 깊은 휴식을 취할 수 있다. 이렇듯 침실에서의 회복은 곧 삶 전체의 회복으로 이어진다.

• 빛으로 만드는 회복의 무드

침대 옆에 두는 스탠드 조명은 공간의 분위기를 바꾸는 작은 장치가 된다. 은은하게 퍼지는 간접조명은 방 안을 포근하게 감싸 주며, 긴 하루 동안 쌓인 긴장을 천천히 풀어 내는 데 도움을 준다. 특히 따뜻한 느낌의 전구색 LED는 몸의 리듬을 자연스럽게 늦추어 수면에 적합한 환경을 만들어 준다. 천장 중앙의 강한 조명 대신 침대 옆에서 은은하게 퍼지는 빛을 선택하는 것만으로도 심리적으로 느끼는 안정감의 수준은 크게 달라진다. 마치 '이제 쉬어도 된다'라는 신호처럼, 빛은 우리에게 휴식의 시작을 알리고 몸과 마음을 동시에 이완시킨다.

조명에 특별함을 더하는 방법에는 빛과 음악의 조화를 들 수 있다. 마음을 편안하게 하는 무드의 음악과 은은한 조명을 조합한 스피커 겸용 조명은 작지만 강력한 회복의 장치이다. 은은하게 번지는 빛은 몸과 마음의 긴장을 풀어 주고, 어둠 속에서 불안이 커지지 않도록 마음을 차분하게 만들어 준다. 동시에 음악이 잔잔하게 흐르면 우리의 뇌는 이를 '지금은 쉬어도 된다'라는 신호로 받아들인다. 빛이 생체리듬을 조율하고, 음악이 뇌파를 안정시켜 심박수를 낮춘다는 사실은 이미 과학적으로 증명된 바이다. 이 둘을 결합하면 마치 심리치료실에서의 (회복의) 효과를 집 안에서 손쉽게 경험할 수 있다. 침실의 조명과 음악이 당신을 진짜 휴식으로 이끌어 줄 때, 삶의 균형 또한 조금씩 제자리를 찾아간다.

• 부드럽고 아늑하게 공간을 덮어 주는 커튼

부드럽게 드리운 커튼은 단순히 빛을 가리는 역할을 넘어, 공간 전체를 감싸 주는 따뜻한 배경이 된다. 암막 커튼은 외부의 빛을 효과적으로 차단해 숙면에 도움을 주지만, 그 소재가 지나치게 무겁고 답답하다면 오히려 그곳에서 지내는 사람의 마음을 짓누를 수 있다. 리넨 혼합 소재처럼 자연스러운 질감을 가진 커튼을 고르면, 빛이 적절히 차단됨과 동시에 실내에 아늑한 무게감을 더하는 효과가 있어 우리를 편안한 휴식으로 이끌어 준다. 아침 햇살이 필요할 때는 레이스 커튼을 함께 설치해 두는 것도 좋은 방법

이다. 은은하게 번지는 빛은 하루의 시작을 부드럽게 열어 주며, 심리적으로도 '오늘 하루를 잘 시작할 수 있다'라는 신호가 된다. 이렇듯 커튼은 밤에는 휴식을 돕고 아침에는 새 출발을 응원해 주는 이중의 역할을 해내며, 침실을 가장 사적인 회복의 공간으로 완성시킨다.

• 불필요함을 덜어 낸 미니멀 가구

침실만큼은 동선이 산만해지거나 분위기가 필요 이상으로 무거워지지 않도록 가구를 심플하게 배치하는 것이 중요하다. 몸을 누일 수 있는 침대와 그 옆에 작은 조명이나 책 등을 올려 둘 수 있는 협탁 정도면 충분하다. 협탁의 경우 비주얼이나 기능적으로 화려할 필요는 없고, 작은 서랍 하나 정도만 있으면 충분하다. 오히려

군더더기 없는 심플한 디자인이 마음을 더 편안하게 만든다. 그곳에 스마트폰 대신 좋아하는 책 한 권이나 작은 노트를 올려 두는 습관을 들여 보자. 잠들기 전 마지막으로 만지는 물건이 휴대폰이 아니라 책이나 펜일 때, 뇌와 마음은 훨씬 더 평온한 상태로 수면을 준비하게 된다. 가구를 단순하게 배치하는 일은 그저 공간을 정리하는 차원을 넘어, 나의 고민이나 걱정까지 함께 덜어 내는 효과를 불러온다. 결국 협탁은 '작은 물건을 올려 두는 곳'이 아니라, 하루를 어떻게 마무리할 것인지를 선택하게 만드는 조용한 장치가 된다.

• 침실 속 초록 루틴

침실은 하루의 끝과 시작을 맞이하는 가장 사적인 공간이기에, 그 안에 두는 식물 역시 나만의 초록이, '반려식물'로 애착을 가지고 관리하면 심리적 안정에 도움이 된다. 산세베리아나 스투키 같은 공기정화식물은 실내의 미세한 독성물질을 흡수하고 산소를 내뿜어 수면 환경을 쾌적하게 만들어 준다. 라벤더는 은은한 향으로 긴장을 완화해 주고 숙면을 돕는 효과가 있다. 또 작은 아이비나 필로덴드론처럼 잎사귀가 드리운 식물은 시각적으로 부드러운 곡선을 만들어 공간의 분위기를 한층 아늑하게 한다. 이들 식물을 배치할 때는 침대 머리맡보다는 창가나 협탁 위처럼 햇빛이나 조명이 은은하게 닿는 자리를 선택하는 것이 좋다. 큰 화분 하나보다는 작은 화분 두세 개를 포인트처럼 두면 공간이 답답해 보이지 않으면서도 생기를 더할 수 있다. 무엇보다 반려식물을 돌보는 행위 자체가 '나를 돌보는 시간'이 된다. 물을 주고 잎을 닦으

며 하루의 속도를 잠시 늦추는 그 순간이 곧 마음의 회복으로 이어진다.

• 향기로 감싸는 회복의 침실

하루의 긴장을 풀고 다시 살아갈 힘을 회복하기 위한 작은 촉진제로 눈에 보이는 인테리어뿐 아니라 향과 촉감 같은 감각적 요소를 더하면 좋다. 라벤더나 캐머마일, 우디 계열의 디퓨저는 심리적 긴장을 완화해 주고 몸과 마음이 서서히 이완되도록 돕는다. 여기에 포근한 침구 같은 뇌를 진정시키는 촉각적 자극까지 더해진다면 침실은 더할 나위 없는 리커버리 스페이스로 거듭나게 된다. 작은 디퓨저 하나, 향초 하나가 만들어 내는 감각의 변화를 통해 우리는 매일 밤 더 깊은 회복을 경험할 수 있다.

거실

관계의 온도를 조절하는 공간

집 안에서 가장 많은 말들이 머무는 공간, 어쩌면 가장 많은 감정이 스쳐 지나가는 공간이 바로 거실이다. 거실은 단순히 TV를 보는 공간이나 손님을 맞는 공간을 넘어서 가족 간 관계의 온도를 조율하는 감정의 장소이다. 소파의 방향, 테이블의 위치, 조명의 높낮이까지 이 모든 요소가 크고 작게 가족 간의 대화 빈도와 정서적 밀착도를 바꾸어 놓는다.

사실 TV를 중심으로 일렬로 배치된 소파는 시선을 분산시키고 가족 구성원이 각자 자기만의 세계 혹은 디바이스로 빠져들게 만든다. 가족 간 대화와 눈맞춤이 줄어들고 어쩌다 이어진 대화는 종종 어색하거나 짧게 끝나 버린다. 거실이 중요한 이유는 '감정의 온도가 가장 자주 오르내리는 곳'이기 때문이다. 기분 좋은 웃음도 갑작스러운 짜증도 누군가의 침묵도 결국 이곳에서 시작된다. 그렇기에 거실은 단순한 가구 배치나 인테리어를 위한 공간이 아니라 관계의 방향성과 온도를 정하는 심리적 설계의 중심이 된다.

관계의 온도를 따뜻하게 하는 거실 만들기

• 마주 앉을 때 열리는 연결의 공간

소파는 TV와 마주 보는 방향보다 서로를 향할 수 있도록 배치하는 것이 좋다. L자형 배치나 원형 좌석 배치(혹은 ││ 식의 대면 배치)는 가족 간에 시선을 마주칠 확률을 높여 주고 자연스럽게 대화가 흐르도록 돕는다. 이러한 배치에 적합한 소파가 모듈 소파이다. 소파를 단순히 앉는 가구가 아니라, 관계의 흐름을 설계하는 장치로 생각한다면 공간의 크기, 구조, 가족 인원수에 맞게 모듈을 배치해 보자. 같은 공간이라도 모듈을 다양하게 조합해 서로 마주

보고 앉게 되면, 일렬로 나란히 앉을 때보다 훨씬 더 따뜻한 온기를 만들어 내며, 서로의 표정과 숨결이 자연스럽게 오가는 분위기가 형성된다. 거실은 집 안에서 가장 많은 말과 감정이 오가는 곳이다. 그렇기에 소파 배치의 방향은 단순한 인테리어를 넘어, 가족 간의 친밀감과 정서적 교감을 결정짓는 중요한 요소가 된다. 결국 가구의 배치 하나가 집 안 공기를 바꾸고, 관계를 회복하게 하는 작은 시작이 되는 것이다.

• 라운드 테이블이 불러오는 따뜻한 교감

원형 테이블이나 모서리가 각지지 않은 테이블은 단순한 테이블의 기능을 넘어, 사람과 사람을 하나로 모이게 하는 상징적인 역할을 한다. 부드러운 곡선은 자연스럽게 시선을 중심으로 모으고,

모두가 동등한 위치에서 서로를 바라보게 만든다. 직선의 날카로움 대신 곡선의 포근함이 공간을 감싸며, 앉아 있는 사람들 사이에 눈길과 마음이 오가도록 돕는다. 또한 낮은 높이의 라운드 테이블은 편안한 분위기를 조성해 그 주변은 누구나 쉽게 기대어 앉아 대화를 나눌 수 있는 장이 된다. 아이들은 간식을 먹고, 가족은 게임을 하고, 때로는 사소한 대화를 이어 가며 웃음소리가 퍼져 나간다. 그 작은 원형 테이블 위에서 가족의 일상이 모이고, 집의 정서가 단단하게 엮여 간다.

• TV, 스마트기기와의 '존중 있는 거리두기'

TV는 거실의 중심을 쉽게 차지한다. 소파가 TV를 향하고, 대화의 흐름도 어느새 화면 속으로 빨려 들어간다. 하지만 (도어가 달린) TV

수납장 안에 TV를 넣을 수 있다면 이야기는 달라진다. 눈앞에서 TV가 사라지는 순간, 가족들 간의 대화가 다시 시작된다. 그러니 적어도 주말만큼은 수납장의 도어를 닫고 'TV Off Day'를 시도해 보자. 화면 대신 서로의 얼굴을 바라보고, 리모컨 대신 차 한잔을 들며 이야기를 나누는 것. 그 작은 전환만으로도 거실은 더 이상 '소비의 공간'이 아니라 '교감의 공간'으로 회복된다.

• 이야기를 불러내는 작은 오브제들

거실 벽에 걸린 액자, 선반 등은 단순한 장식이 아니다. 거기에 가족사진 한 장을 올려 두거나, 여행에서 가져온 작은 기념품을 놓는 순간, 그 공간은 추억의 전시장이 된다. 사진 속 풍경을 보며 기억을 더듬을 때 함께했던 순간들의 말이 오가고, 기념품을 만지작

거릴 때 여행 중 웃음 가득했던 순간들이 다시 살아난다. 이야기의 시작은 거창하지 않다. 액자 하나, 소품 하나로도 충분하다. 그 작은 오브제들은 집 안의 공기를 따뜻하게 만들고, 자연스럽게 대화를 이어 주는 다리 역할을 한다. 결국 공간은 물건으로 채워지는 것이 아니라, 그 물건에 얽힌 이야기로 채워지는 것이다.

• 공간의 온도, '조명'으로 조절하기

거실의 조명은 그저 공간을 밝히는 기능에 그치지 않고 분위기와 관계의 온도를 조절하는 힘이 있다. 플로어 램프나 장스탠드에 따뜻한 톤의 전구를 끼워 사용하면 저녁 시간이 훨씬 포근해진다.

천장 위에서 쏟아지는 강한 불빛이 아닌, 옆에서 은은히 번지는 빛은 신체의 긴장을 풀고 마음을 부드럽게 만든다. 조명이 켜지는 그 순간, 웃음과 대화가 오가며 분위기가 유연해지고 하루의 무게가 서서히 가벼워지는 경험을 할 수 있다. 거실의 조명 하나가 가족들을 따뜻하게 이어 주는 작은 매개체가 되는 것이다.

• 거실 한구석에 두는 초록의 쉼표

거실에 작은 화분을 하나 두는 것만으로도 공간의 온도와 분위기가 눈에 띄게 달라진다. 초록은 마음을 진정시키고 호흡을 편안하

몬스테라의 넓은 잎사귀는 시야를 시원하게 열어 준다. 그 존재만으로도 거실 한구석이 열대의 여행지처럼 바뀌며, 답답했던 마음이 환기되는 듯한 기분을 느낄 수 있다.

산세베리아는 '천연 공기청정기'라고 불릴 만큼 공기를 맑게 하고, 낮과 밤 모두 산소를 내뿜어 우리 주변을 상쾌하게 만든다. 무심히 두고 바라보기에 좋으며, 관리하기도 쉬운 편이라 부담 없이 집에 들이기 좋다.

게 만드는 회복의 색이기 때문이다. 작은 화분 속 싱그러운 잎사귀는 우리가 무심코 지나치는 순간에도 시선을 붙잡고, 무거웠던 마음에 잠시나마 숨 쉴 틈을 만들어 준다. 특히 거실은 가족과 가장 많은 시간을 보내는 공간이자, 외부 손님이 머무는 자리이므로, 그 안에 식물이 놓여 있다는 사실만으로도 공간은 더 따뜻하고 생기 있게 느껴지고, 관계의 분위기도 부드러워진다.

무채색 가구와 디지털 기기가 많은 집일수록 초록의 존재감은 더욱 빛을 발한다. 색의 대비는 물론, '자연의 결'을 집 안으로 들여오는 효과가 있기 때문이다. 또한 식물을 돌보는 행위 자체가 작은 루틴이 되어, 바쁜 하루 속에서 잠시 마음을 환기할 기회를 준다. 식물에 물을 주고 잎을 닦아 줄 때 손끝으로 전해지는 생명의 감촉은 우리가 스스로를 돌보고 있다는 은유적 경험으로 이어진다. 초록의 식물은 그저 공간에 채워 넣는 오브제가 아니라, 매일을 살아 내는 마음의 균형추 같은 역할을 하는 것이다. 이렇듯 식물은 단순한 장식품이 아니라, 자연의 회복력을 집 안으로 불러들이는 매개체이다. 거실 한구석에 놓인 초록의 존재가 '쉼의 무드'를 조성하고, 다시 하루를 살아갈 힘을 불어넣어 줄 것이다.

• 거실 한구석에 나만의 '쉼 코너' 만들기

거실은 늘 가족이 함께 모이고 이야기가 오가는 공간이지만, 그 안에도 '나만의 자리'는 반드시 필요하다. 거실 한구석에 작은 암체어를 하나 두는 것만으로도 공간의 분위기가 확 달라진다. 암체어는 책을 읽거나 차를 마시며 잠시 머무는 가구이자 나의 감정을 정리하고 마음을 비우는 심리적 여백의 도구가 된다. 이러한 공

간은 거실 안에 '함께 있음'과 '홀로 있음'의 균형을 자리 잡게 한다. 혼자 앉아 숨을 고르고, 다시 가족에게 다가가는 순환은 결국 거실을 더 건강한 회복의 공간으로 만들어 준다. 작은 암체어 하나가 '쉼의 코너'를 넘어, 마음을 다시 채우는 회복의 거점이 되는 것이다.

주방

먹고 돌보는 리추얼의 심리

매일의 식사가 마음을 회복시킨다. 주방은 단순히 배를 채우는 공간이 아니라, 삶의 시간이 가장 명확하게 드러나는 곳이다. 그와 동시에 내가 나를 어떻게 대하고 있는지를 정직하게 보여 주는 공간이며, 삶이 회복의 조짐을 보이기 시작할 때 가장 먼저 변화가 시작되는 곳이기도 하다.

30대 중반, 퇴사 이후 무기력에 빠졌던 싱글 여성 A 씨는 1인 가구로 살면서 처음엔 배달 음식조차 시켜 먹기 귀찮아 물로 끼니를 때우기 일 쑤였다. 어느 날, 더 이상 이렇게 살면 안 되겠다는 생각이 들었고 냉장고에 남은 계란과 브로콜리로 아주 소박한 식사를 준비했다. 그 후로 그녀는 매일 아침, 제철 재료 하나로 단출하게 끼니를 차려 먹으며 일상을 정돈해 갔다. 주방은 어느새 그녀에게 돌봄의 루틴을 쌓는 공간이 되었고, 식탁은 삶을 설계하는 작업대가 되었다.

요리는 자신을 위한 행위이자 자신에게 보내는 사랑의 메시지이다. 그 반복적이고 정성 어린 리추얼은 내 삶을 내가 돌보고 있다는 심리적 안정감을 만들어 낸다. 더불어 정돈된 조리 도구, 좋아하는 재료가 준비돼 있는 냉장고와 수납장, 이 모든 게 내 손에 착 붙도록 짜여진 동선 등은 효율감과 자존감을 끌어 올린다. 따뜻한 김이 주방에 피어오르는 순간, 그 모든 것이 나를 다시 살아 숨 쉬게 만든다.

노동만이 아닌 휴식이 일어나는 주방 만들기

• 정리와 요리를 하나의 리추얼로, 주방 동선 만들기

자기만의 요리 순서에 맞춰 조리 도구와 양념통의 위치를 조정하는 것으로 주방의 동선을 최적화할 수 있다. 자주 쓰는 도구들은 손을 뻗으면 즉시 닿는 위치에 두어 작은 동작 하나하나가 편안하게 이어지도록 한다. 이때 트롤리를 옆에 두면 조리 중 필요한 재료와 도구를 가까이 두고 쓸 수 있어 요리가 훨씬 수월해진다. 다 쓰고 난 뒤 도구나 양념통 등을 트롤리 안에 다시 정리하면, 주방은 금세 다시 깔끔해진다. 이렇듯 정리와 요리를 하나의 리추얼로 경험하는 순간, 주방은 단순한 노동의 공간이 아니라 나를 돌보고 마음을 회복하는 리커버리 스페이스로 탈바꿈한다.

• 각각의 마음을 모이게 만드는 원형 식탁

식탁의 형태는 대화와 관계의 흐름을 바꾸는 중요한 요소이다. 특히 원형 식탁에는 테이블 중앙이라는 '공유의 공간'이 생겨날 수밖에 없다. 그 구조 자체가 사람을 한곳으로 모이게 하고, 위계보다는 평등함을 강조한다. 원형은 모서리가 없어 시선의 사각지대가 생기지 않고, 마주 보는 시선도 한결 가까워지며 대화가 특정인에게 집중되지 않아 누구에게나 열려 있는 분위기를 조성한다. 이러한 흐름은 곧 함께한다는 심리적 메시지를 강화한다. 원은 끝이 없듯이 대화도 자연스럽게 끝없이 이어질 것이다.

• 확장형(접이식) **테이블로 만드는 1인 가구를 위한 유연한 주방**

요즘 1인 가구가 급격히 늘면서, 주방과 식탁은 단순한 식사 공간을 넘어 홀로 시간을 보내기도 하는 '나만의 공간'이 되었다. 요리와 식사 또한 훌륭한 회복 리추얼이 될 수 있으므로 이 같은 공간을 어떻게 구성하느냐에 따라 즐거움과 안정감이 배가 되기도 한다. 확장형 테이블은 이때 큰 장점을 발휘한다. 평소에는 테이블의 일부를 접어 1~2인용으로 사용하다가 가끔 친구를 초대하거나 홈 파티를 열 때는 테이블을 전부 확장해 더 넓게 쓸 수 있다. 이런 식으로 확장형 테이블은 공간을 유연하게 활용하고 하루의 심리적 리듬을 조율하는 도구가 될 수 있다.

• 나를 위한 한 끼, 마음을 채우는 루틴

혼자 먹는 밥이어도 손수 조리하고, 그것을 좋아하는 그릇에 담아 정성스럽게 세팅한다면, 그 과정 자체가 또 하나의 자기돌봄 리추얼이 된다. 식탁 위에 정성스럽게 차린 한 끼는 혼자 있는 시간을 의미 있게 만들어 주는 동시에 내가 나에게 보내는 작은 사랑의 메시지가 된다. 이때 작은 화분 등을 테이블 위에 함께 두면 시각적 활기가 더해지고, 이를 보살피는 손길은 하루를 살피는 또 다른 작은 습관이 된다. 매일 반복되는 '식사 리추얼'은 더 이상 단순히 배를 채우는 행위가 아니라, 자신의 공간 안에서 스스로를 돌보는 회복의 시간이 된다.

• 미니 홈 바, 주방 속 나만의 힐링 스팟

주방 한쪽 작은 공간을 미니 홈 바로 꾸미는 것만으로도, 혼자만의 힐링 타임을 만들 수 있다. 좋아하는 잔과 에스프레소머신, 혹

은 와인 한 병만 있어도 그곳은 잠시 머무르며 하루를 정리하기에 손색없는 나만의 쉼터가 된다. 이때 중요한 것은 공간의 의도이다. 홈 바용 선반이나 수납장을 이용해 음료와 소품을 깔끔하게 정리하면 시각적 만족감과 안정감을 모두 느낄 수 있다. 예를 들어, 모듈형 수납장에 작은 트레이를 올려 음료와 컵을 배치하면 동선도 효율적이고, 사용 후 정리까지 자연스럽게 이어진다. 홈 바에서 만든 음료를 한 모금 마시는 순간, 주방은 단순한 요리 공간이 아닌 나를 돌보는 회복의 장소로 변한다.

• 주방에 감성의 빛을 더하자

주방은 늘 분주한 공간이지만, 작은 감각적 장치를 더하면 전혀 다른 풍경으로 바뀐다. 향초 하나를 켜는 것만으로도 은은한 향이 퍼져 음식 냄새를 자연스럽게 잡아 주고, 동시에 긴장된 마음을 풀어 준다. 작은 허브 화분이나 조화를 곁에 두는 것도 주방에 생기를 돌게 할 수 있다. 무엇보다 램프 같은 부드러운 조명을 켜 두면 노동의 공간처럼 느껴지던 주방이 감정을 회복하는 장소가 되고, '밥을 하는 시간'이 단순한 의무가 아니라 나와 가족을 돌보는 소중한 회복의 리추얼이 되는 것이다.

감정을 씻어 내는 정화의 공간

문이 닫히는 순간 욕실은 온전히 '나'만 존재하는 공간이 된다. 이곳은 타인의 시선으로부터 해방된 공간이자, 나 자신의 감정과 있는 그대로 마주할 수 있는 곳이다. 이런 점에서 욕실은 집 안에서 심리적으로 가장 안전한 공간이다. 이곳에서 우리는 온종일 긴장했던 어깨를 툭 내려놓고 거울 속에 비친 피곤한 얼굴을 찬찬히 들여다보며 차마 말하지 못했던 속마음을 꺼내 보기도 한다. 뜨거운 물에 몸을 담그는 그 몇 분이 단순한 목욕을 넘어 감정과 마음을 다시 정돈하는 의식이 되는 것이다.

한 워킹 맘은 아이를 재우고 하루 일과를 끝낸 후 욕조에 10분간 조용히 앉아 있는 습관을 들였다. "샤워는 몸을 씻는 거지만, 욕조에 몸을 담그면 감정이 씻겨 내려간달까요." 그녀는 하루 동안 마음속에 쌓아 둔 죄책감, 짜증, 눈치 같은 부정적인 감정의 찌꺼기들을 그곳에서 하나씩 비워 냈다. 이 시간만큼은 그녀 역시 누구의 엄마도, 직원도 아닌 오롯이 자기 자신으로 존재할 수 있었다. 무심히 켜 둔 촛불 하나, 잘 마른 타월의 부드러운 감촉, 향기로운 비누에서 나는 익숙한 향은 감각을 부드럽게 다듬고 깎여 나간 마음을 다시 회복시킨다.

가장 사적인 공간, 나를 회복하는 욕실 만들기

• 감각을 깨우는 작은 소품

욕실의 작은 변화가 정화의 경험을 훨씬 더 깊게 만든다. 은은한 아로마 향을 풍기는 디퓨저, 부드러운 촉감의 수건, 따뜻한 조도의 조명 하나가 욕실을 '일상 속 작은 스파'로 탈바꿈시켜 준다. 비로소 이때 욕실은 단순한 위생의 공간을 넘어 감정과 신체를 동시에 치유하는 회복의 장소가 된다. 부드럽고 뽀송뽀송하게 건조된 타월 하나가 단순히 물기를 닦아 내는 도구를 넘어 오늘 하루를 잘 버텼다는 위로의 신호가 된다.

• 정리로 만드는 회복감, 의도를 담은 정돈의 힘

욕실은 그저 씻는 공간이 아니라 마음을 가라앉히는 장소다. 무조
건 비워 내는 것보다, 나를 위한 물건들을 의도에 맞게, 질서 정연
하게 정리하는 것이 중요하다. 욕실 선반 위에 수건과 오일, 그리
고 얇은 책 한 권을 올려 두는 것만으로도 작은 스파 같은 분위기
가 완성된다.

베란다와 창가

자연과 연결된 나만의 숨구멍

　창밖을 보는 그 몇 분이 나를 다시 숨 쉬게 한다. 도시에서의 삶은 종종 우리에게 너무 많은 걸 요구한다. 빠르게 결정하고 끊임없이 반응하고 멈추지 않고 나아가야 하는 하루 속에서 문득 나조차도 내가 지쳐 있다는 걸 잊을 때가 있다. 그럴 땐 베란다 문을 살짝 열고 서서 창밖에서 불어오는 바람을 쐬어 보자. 그럼 이내 알게 될 것이다. '아, 내가 지금 엄청 숨이 막힌 상태였구나' 하고. 저 멀리 펼쳐진 하늘이나 가지를 흔드는 나무, 지나가는 구름… 이것들은 '내가 살아 있다는 감각'을 다시금 느끼게 한다. 특히 베란다와 창가는 외부와 내부 사이, '나'와 '세상'을 부드럽게 잇는 경계이다. 이곳에서의 '작은 회복'을 통해 우리는 세상과 다시 적당한 속도로 연결될 수 있다.

베란다와 창가를 도시 속 작은 안식처로 만들기

• 여분의 공간이 아닌 실용적인 힐링 스팟으로

베란다는 종종 '여분의 공간'으로만 여겨지곤 한다. 빨래 건조대나 잡동사니를 두는 곳, 혹은 창고 같은 기능 공간으로 말이다. 그러나 베란다를 조금만 다르게 활용하면, 집 안 그 어떤 공간보다도 실용적인 힐링 스팟으로 가꿀 수 있다.

창문을 따라 쏟아지는 빛은 자연광 테라피를 가능하게 하고, 여기에 약간의 수납 공간과 화분 한두 가지만 더해도 마음이 가벼워지고 공간이 환해진다. 작은 책상과 의자를 두기만 해도, 색다른 느낌의 기분 전환용 서재를 연출하기에 충분하다. 베란다는 단순히 외부와 내부를 잇는 연결 통로가 아닌, '일상과 쉼을 잇는 회복의 다리'가 될 수 있다.

• **바람과 햇살이 드는 '앉을 자리' 만들기**

베란다에서 혼자 책을 읽거나 차를 마실 때 활용하기 좋은 가볍고 편안한 1인용 의자. 여기에 몸을 감싸는 부드러운 쿠션 등을 함께 두면 '나만의 자리'가 완성된다. 참고로 베란다 가구는 아웃도어용의 내구성 좋은 재질(철제나 라탄)로 선택하면 관리하기도 쉽다.

• **작은 식물과 함께하는 하루의 루틴**

창가나 베란다 한쪽에 허브나 작은 화분을 두어 매일 잠깐씩 물을 주는 루틴을 만든다. 그 반복적인 손길과 관찰의 과정은 생각보다

강력한 정서적 안정감을 불러온다. 초록의 잎사귀를 바라보며 심호흡을 한 번 하는 것만으로도 마음이 한결 가벼워지고, 바쁘게 흘러가는 일상 속에서 잠깐씩이나마 쉼표를 찍을 시간을 확보할 수 있을 것이다. 작은 식물을 돌보는 일은 곧 나의 집을 돌보는 일이자 나 자신을 돌보는 리추얼 그 자체가 된다.

• 생각에 여백을 만드는 시간

바닥에 러그를 깔거나 작은 방석을 하나 두는 것만으로도 베란다는 얼마든지 특별한 공간이 될 수 있다. 그저 그곳에 앉아 바람 소리와 햇살을 느끼며 창밖을 바라보는 짧은 시간. 그 짧은 시간은 소위 말하는 '멍때리는 시간'이 될 수도 있고 내 안을 다듬는 기도의 시간이 될 수도 있다. 계획이나 판단, 해야 할 일에서

벗어나 그저 가만히 '존재하는 나를 느끼는 것'만으로도 우리는
충분히 회복될 수 있다.

• 빛이 스며드는 베란다, 마음의 숨구멍

해 질 무렵, 은은한 빛이 베란다를 감싸면 작은 공간도 마음을 회
복하는 숨구멍으로 변한다. 주황빛 석양이 바람과 함께 들어오면
서 하루의 긴장이 서서히 풀린다. 여기에 이동이 자유로운 포터블
(무선) 램프를 더하면, 자연광이 사라진 뒤에도 램프의 온화한 빛
이 하루의 긴장을 풀어 주고, 내밀한 휴식 시간을 이어 주어 베란
다가 진정한 리커버리 스팟으로 완성된다.

서재, 작업 공간

집중과 몰입을 불러오는 마음의 체육관

　요즘 우리는 너무 많은 것에 기민하게 반응하며 살아간다. 스마트폰의 알림, 메신저의 답장, 끊임없이 쏟아지는 정보들 속에서 가장 쉽게 손에서 놓치는 것이 있다면, 아마 몰입일 것이다. 아무 방해도 받지 않고 한 가지 일에 온전히 빠져드는 감각. 그러나 이 같은 몰입의 감각을 위해 필요한 건 대단한 동기나 능력이 아니라 조용하고 질서 있는 작은 작업 공간 하나이다.

　한 프리랜서 작가는 집에서 일하는 일이 많아지면서 번아웃을 자주 겪었다. 그는 거실 소파, 식탁, 침대 위에서 이리저리 옮겨가며 일을 하다 결국 루틴이 무너졌다. 그러다 창가 한쪽 벽에 책상 하나를 놓고, 그곳에서만 일을 하기로 했다. 그는 이렇게 말했다. "그 공간에 앉으면 저도 모르게 집중이 됐어요. 딱 그 책상 앞에만 앉으면 루틴이 돌아왔죠. 책상 하나가 내 일상의 중심을 만들어 줬어요."

　몰입은 '장소'와 강하게 연결된다. 정돈된 공간, 주변 소음이 통제된 환경은 산만한 마음을 가라앉혀 우리가 다시 일에 집중할 수 있게 도와준다. 작업 공간은 단지 일을 하기 위한 자리가 아니라 마음을 단련시키는 작은 체육관이다. 그곳에서 우리는 흐트러졌던 감정과 집중력을 다시 붙잡고 내 안의 질서를 회복할 수 있다.

몰입을 위한 나만의 서재 또는 작업 공간 만들기

• 몰입을 부르는 나만의 집중 스팟

일반적으로 책상은 공간의 크기에 맞춰 정하지만, 할 수만 있다면 넉넉한 크기의 책상을 자연광이 들어오는 창가 근처에 배치하는 것이 좋다. 넓은 책상은 필요한 도구와 자료를 한눈에 정리할 수 있는 여유를 제공하며, 안정감 있고 사용자에게 최적화된 책상 공간은 작업과 휴식을 명확히 분리하는 심리적 신호를 만들어 준다. 또한 자연광은 그 어떤 기능 조명보다도 눈의 피로를 줄이고 생체

리듬을 안정시킬 수 있다.

책상 위에는 최소한의 물건만 두고, 노트북과 필기구, 집중을 돕는 작은 소품 정도만 올려 두는 편이 좋다. 벽면에 작은 조명이나 포스터를 두어 시선을 분산시키지 않으면서도 아늑한 분위기를 만들면 몰입 환경이 완성된다. 또한 작업용 의자는 몰입과 회복의 필수 파트너다. 일반 식탁 의자나 소파(1인용 포함)는 장시간 앉아 작업을 할 경우 자세를 흐트러뜨리고 피로를 쌓이게 한다. 사무용 의자처럼 인체공학적으로 설계된 의자 쪽이 허리를 안정적으로 지지하고, 높이와 각도를 조절할 수 있어 장시간 작업에도 부담이 적다. 회전과 이동 기능까지 갖춘 의자는 필요한 자료나 도구에 접근을 용이하게 해 작업의 효율과 몰입을 동시에 높여 줄 수 있다.

• 작업과 휴식 공간의 분리

앞서 '공간에 저마다의 기능을 정해야 한다'라고 강조했던 것을 기억하는가? 그중에서도 특히 작업 공간과 휴식 공간은 결코 섞여서는 안 된다. 몰입을 위한 서재와 휴식을 위한 창가 자리(혹은 힐링 존)가 서로 분리될 때, 우리는 공간을 통해 하루의 리듬을 자연스럽게 조율할 수 있다. 작업 공간은 마음을 단단히 세우는 장, 창가 자리는 마음을 내려놓고 재충전하는 장으로 기능해야 한다. 작업 방, 휴식 방 식으로 아예 방을 구분하는 것이 가장 이상적인

침대와 책상 사이에 파티션형 수납장을 놓으면 작업 공간과 휴식 공간을 분리할 수 있다.

책상 주변에 파티션(천고가 너무 높지 않은 스타일)을 놓는 식으로도 공간 분리가 가능하다.

Layer 3. 나만의 리커버리 스페이스 만들기

방법이겠지만, 원룸에 거주하거나 집 안에서 자신의 공간이 한정된 상황이라면 가구나 작은 소품을 활용해 얼마든지 공간 분리가 가능하다.

• 안전하고 건강한 작업을 위한 조명 선택

조명을 켜는 것만으로 '집중 모드'의 신호가 된다. 이는 단순한 습관을 넘어 심리적 루틴이 되고, 책상 앞에 앉는 순간 자연스럽게 몰입이 시작되도록 돕는다. 특히 시력을 보호하면서 집중력을 높이는 조명을 선택하는 것이 중요하다. 밝기 조절이 가능하고 눈부심을 최소화한 제품은 장시간 작업에도 눈의 피로도를 줄여 준다. 색온도를 자연광에 가까운 4000~5000K로 맞추면 집중력을 높이고 생체리듬을 안정시킬 수 있다.

• 시스템 선반으로 몰입과 회복을 돕는 서재

몰입과 회복은 단순히 책상과 의자만으로 완성되지 않는다. 적절한 수납과 정리정돈이 더해져야만 하는데, 이때 시스템 선반을 활용하면 공간의 심미적 안정과 집중력 향상에 도움이 된다. 시스템 선반에 연결된 책장과 수납장을 활용해 필요한 자료와 소품만 보이도록 하고, 나머지는 숨겨 두면 시각적 혼란이 줄고 마음이 편안해진다. 수납장에는 책, 파일, 문구류뿐 아니라 취향을 반영하는 작은 장식품까지 깔끔하게 정리할 수 있어 공간이 한눈에 정돈

된다. 수납을 통해 '정제된 시야'를 확보하면, 뇌는 자연스럽게 집중 모드로 들어갈 준비를 한다. 책장 상단에는 좋아하는 책이나 소품, 혹은 작은 화분을 둬도 좋다. 이는 단순히 물건을 장식하는 행위가 아니라, 공간 속에서 나의 존재와 취향을 확인하는 의식이다. 이렇게 책장과 수납을 전략적으로 활용하면, 서재 전체가 몰입을 돕는 집중 공간이 됨과 동시에 잠시 시선을 돌리고 마음을 내려놓을 수 있는 회복의 공간으로도 기능한다. 책장 하나가 단순한 가구를 넘어 나만의 리커버리 스페이스로 확장되는 셈이다.

책상 위는 꼭 필요한 물건만 두고 나머지는 서랍이나 수납장, 문
서 트레이 안에 정리해 공간을 깔끔하게 유지해야 산만해지지 않
고 작업에 집중할 수 있다. 시야가 정돈될수록 마음도 차분해지고
몰입력도 높아진다.

집 안에서 나만의
케렌시아를 발견하는 법

집이란 무엇일까? 하루의 시작과 끝이 이어지는 물리적 장소이자 내가 온전한 나로 머물 수 있는 가장 사적인 배경이 바로 집이다. 누군가는 집을 숙소처럼 생각하며 최소한의 기능만을 바라고, 또 누군가는 그 집 안에 자신을 위한 조용한 안식처 하나를 만들기 위해 애쓴다. 최근 자주 들리는 말 중 하나가 '케렌시아*Querencia*'인데, 스페인의 투우에서 유래된 이 말은 원래 소가 위험한 투우장에서 마지막으로 몸을 숨기는 안전한 구역(이곳에 소가 들어서면 투우사 또한 죽일 수 없다고 한다)을 뜻했지만, 지금은 몸과 마음이 회복되는 나만의 공간, 즉 심리적 피난처를 뜻하는 말로 더 자주 쓰인다. 바쁜 현대인들이 집을 두고도 굳이 카페, 캠핑장, 공방, 심지어 차 안에서까지 나만의 케렌시아를 찾으려 애쓰는 이유는 분명하다. 집이 더 이상 온전한 회복의 장소가 아니기 때문이다. 그러나 이렇게 생각해 볼 수도 있지 않을까? 집 안에 내가 회복할 수 있는 공간과 구조적 리듬을 만들기만 한다면 집은 세상에서 가장 나다운 케렌시아가 될 수 있지 않을까?

케렌시아에는 나의 이야기가 담겨 있다

예순을 넘긴 나이에 퇴직 후 집에 머무는 시간이 늘어난 성수 씨는 하루하루가 지루하고 무의미하게 느껴졌다고 한다. 누워만 있는 거실 소파 앞 TV는 더 이상 재미있지 않았고, 하루 종일 아무런 말도 하지 않는 날이 반복되었다. 그러던 어느 날, 성수 씨는 우연히 마당 한쪽에서 오래된 탁자를 발견했다. 아내가 쓰던 화장대였지만 거울이 깨진 채 방치돼 있던 것이었다. 그는 그것을 깨끗하게 닦아 그 위에 자신의 오래된 스케치북과 연필을 올려 두었다. 그날 이후 그는 매일 아침 커피 한잔을 들고 그 탁자 앞에 앉는다. 젊은 시절 그가 꿈꿨던 화가의 마음으로 아내와 함께 다녀온 여행지를 그리고 또 색칠한다. 그는 이 변화를 두고 "내가 살고 싶은 삶을 그리며 다시 살아가는 느낌"이라고 말했다.

공간은 마음을 드러내는 또 하나의 얼굴이다. 어떤 사람은 벽에 기대어 놓은 낡은 여행 가방 하나에, 어떤 사람은 책장 속 빛바랜 엽서 한 장에 자신의 이야기를 담는다. 그리고 그 조각들이 모여 하나의 공간이 된다. 그 공간은 내가 누구였고 어떤 기억을 간직하고 있으며 지금의 나는 어떤 삶을 살아가고 있는지를 조용히 말해 주는 무언의 풍경이 된다. 그렇기에 '나만의 케렌시아'를 만든다는 건 단순히 집을 꾸미는 것만을 의미하지 않는다. 오히려 이는 나를 위한 작고 사적인 성찰의 공간을 만드는 작업에 더 가깝다. 나를 돌보고 나를 다독이며 때로는 잊고 지내던 내면의 감정을 다시 꺼내 볼 수 있는 곳. 멀리 떠나지 않아도, 누군가의 위로를 애써 구하지 않아도, 그 공간에 그저 앉아 있는 것만으로도 마음이 놓이는 그런 장소 말이다.

나는 그곳을 '한 평의 안식처'라고 부른다. 크지 않아도 좋다. 중요한 건 그곳에 '나의 이야기'가 담겨 있어야 한다는 점이다. 여행지에서 가져온 조약돌, 어릴 적 나를 웃게 했던 사진 한 장, 손때 묻은 책 한 권… 이런 사소한 것들이 때론 가장 큰 위로가 된다. 그렇게 나의 조각들이 모인 집 안 어느 구석은 지친 마음을 눕힐 수 있는 '내 편인 공간'이 된다. 이 힐링 스팟을 만들 때는 단 하나의 질문만을 떠올리면 된다. '나는 어디에서 가장 마음이 편해지는가?' 그 답에 따라 가구와 소품을 배치하고 조명을 더하거나 덜어 가며 필요 없는 물건은 과감히 치우고 지금 나에게 필요한 것만 남긴다.

나만의 케렌시아 만들기 5단계

• step 1. 공간 고르기

집 안에서 가장 마음이 편해지는 장소를 골라 보자. 식탁 옆, 침대 옆, 창가, 책상 앞… 어떤 곳이든 좋다.

• step 2. 추억(기억)의 물건 배치하기

여행 기념품, 좋아하는 책, 사진, 손 글씨 등 나만의 이야기가 담긴 물건을 두세 개 골라 앞서 정한 마음이 편해지는 장소에 배치해 본다.

• step 3. 조명과 촉감 더하기

자연광이 부족한 경우 따뜻한 색의 조명을 추가하고, 푹신한 쿠션이나 포근한 러그 같은 패브릭을 더해 본다.

• step 4. 향기와 소리 활용하기

좋아하는 향초, 디퓨저, 또는 잔잔한 음악을 더해 오감이 쉬어 가는 공간을 완성한다.

• step 5. 하루 10분, 그곳에 머물기

매일 아침이나 저녁, 단 10분이라도 그 공간에 앉아 숨을 고르고
마음을 정리해 보자. 그것만으로도 삶은 충분히 달라질 수 있다.

취향 그리고 나만의 케렌시아

당연한 이야기겠지만 케렌시아에는 나의 취향이 담긴다.
40대 직장인 K 씨는 거실 창가에 작은 1인용 소파를 놓고 조명과 오
디오를 세팅해 '밤의 라운지'라는 이름을 붙였다. K 씨는 매일 야근
후에도 그곳에서 하루 30분씩 책을 읽고 음악을 들으며 아무 말 없이
앉아 있는다고 했다. 그는 이러한 시간을 두고 다음과 같이 말한다.
"아무리 퇴근이 늦어도 '밤의 라운지'에서 잠시나마 시간을 보내야
비로소 '나'로 돌아오는 느낌이에요. 퇴근이 아닌 회복이 시작되는
거죠."

중요한 건 장소보다 태도다. 케렌시아를 찾는다는 건 단순히
예쁜 공간을 갖는 게 아니라 나를 어떻게 대접하고 싶은지 스스로 묻
고 그에 응답하는 행위이다. 자기 삶에 정중하고 싶다면 먼저 자기만
의 방식으로 공간을 존중해 보자. 30대 초반의 싱글 여성인 J 씨는 우
울한 감정이 깊어지던 어느 시기, 하루에 한 끼만큼은 정성스레 차려
먹기로 결심했다. 식탁보를 깔고, 향초를 켜고 작은 그릇에 음식의

색을 맞췄다. 그렇게 한 끼를 마주하는 동안 그녀는 "비로소 내가 나를 돌보고 있다는 감각을 되찾았다"라고 했다. 그 자리는 주방의 한 귀퉁이였지만 그녀의 마음속에서는 작은 성소가 되어 있었다.

물론 외부 공간이 주는 새로움과 해방감은 분명 존재한다. 하지만 날마다 새로운 장소로 이동할 수는 없다. 반복되는 일상 속에서 회복의 리듬을 가지려면, 결국 나만의 공간을 일상 안에 확보하는 수밖에 없다. 그래야만 공간은 더 이상 '머무는 곳'이 아니라 '돌아갈 수 있는 내 마음의 자리'가 된다. 케렌시아를 만들고 싶다면 스스로에게 이렇게 물어보자. '지금의 나는 어떤 공간에서 가장 잘 회복될 수 있는가? 그리고 그 회복을 위해 나는 무엇을 포기하고 무엇을 채

위 넣을 것인가?' 집은 당신의 가장 가까운 심리상담실이자, 회복의 정원이다. 그러니 집을 조금만 더 의식적으로 바라보자. 회복은 어디서든 시작될 수 있다.

집을 통해 알아보는 나의 가치관

✔ **나는 집에서 어떤 공간을 가장 중요하게 생각하는가?**

• 거실이 중심인 집: 가족, 소통, 손님맞이를 중요하게 생각하는 사람.

• 침실이나 개인 공간이 중심인 집: 혼자만의 시간과 내면의 평온을 중시하는 사람.

• 작업 공간(책상, 서재 등)이 강조된 집: 목표지향적이고 자기 계발을 중요하게 여기는 사람.

✔ **나는 어떤 물건을 쉽게 버리지 못하는가?**

• 옷, 액세서리 등 패션 관련 물건: 자기표현과 외적인 모습에 관심이 많음.

• 책, 노트, 기록물: 배움과 성장, 지적 활동을 중요하게 여김.

• 기념품, 선물, 사진 등 추억이 담긴 물건: 감정과 관계를 중요하게 여김.

✔ **나는 어떤 스타일을 추구하는가?**

• 깔끔하고 심플한 인테리어: 질서와 효율성을 중요시함.

• 다양한 장식과 색감이 어우러진 인테리어: 창의적이고 개성을 중요시함.

• 따뜻한 조명과 아늑한 분위기: 안정감과 감성적인 교감을 중요하게 생각함.

'멍때리기'를 위한 나만의 작은 의식

행복이란 무엇일까? 이 물음은 시공간을 초월해 수많은 철학자와 작가, 심리학자뿐 아니라 오늘을 살아가는 우리 모두가 끊임없이 던지는 인생의 본질적 질문이다. 우리는 종종 행복을 목표로 삼고, 언젠가는 도달할 수 있는 '어떤 상태'로 여긴다. 그러나 진짜 행복은 정해진 공식도 없고, 누구에게나 똑같은 모습으로 실현되는 것도 아니다. 오히려 행복은 각자의 일상에서 발견되고 축적되는 작고 개인적인 순간들의 총합에 가깝다. 그렇기에 행복한 삶을 위한 공간은 단순히 인테리어가 예쁜 공간이 아닌, 나를 회복시키고 가족 간에 정서적 교류가 활발해지며 일상 속 기쁨을 품어 낼 수 있도록 돕는 '심리적 자원'이 되어야 한다.

집 안의 공간을 어떻게 구성하느냐에 따라 우리는 하루의 피로를 덜고 더 나은 인간관계를 맺으며 스스로의 내면을 깊이 들여다볼 수 있게 된다. 이때 우리가 잊지 말아야 할 행복의 조건 중 하나가 바로 '혼자만의 시간'이다. 사람은 누구나 자신만의 안식처를 원한다. 조용히 휴식을 취하고 누구에게도 방해받지 않은 채 자신의 내면과 대화를 나눌 수 있는 공간은 곧 내면의 안정감으로 이어진다.

최근에는 '불멍' '물멍'처럼 휴식을 위한 '멍때리기'가 유행하고 있다. 아무 생각이 없어 보이는 순간이 도리어 생각을 정리하는 시간이 될 수도 있다. 현대사회는 끊임없이 무언가를 성취하고 생산해야 한다는 압박을 주지만 진짜 행복은 아무것도 하지 않고 존재하는 그 순간에 깃들어 있기도 하다. 삶은 때로는 꽉 찬 컵과 같다. 해야 할 일, 쏟아지는 정보, 끝없는 자극 속에서 우리는 늘 무언가를 채우려고만 한다. 하지만 진정한 기쁨은 그 컵을 비워 낼 때 찾아오는 법이다. 멍때리기는 바로 그 비움의 시간이다. 아무것도 하지 않는 순간, 우리의 뇌는 디폴트 모드 네트워크*Default Mode Network*를 활성화시키며 오히려 가장 창조적인 상태로 전환된다. 무의식은 그 시간 동안 감정을 정리하고 기억을 분류하며 새로운 아이디어의 씨앗을 틔워 준다.

그렇다면 이 멍때리기를 위한 공간은 어떻게 구성되어야 할까? 가장 중요한 두 가지는 다음과 같다. 첫째, 시각적 여백. 눈이 쉴 수 있는 환경을 만들어야 한다. 불필요한 장식이나 물건을 최소화하고 (조금 과하다 싶을 정도로) 텅 빈 여백만을 남겨 둔다. 여백은 뇌에 과부하를 줄이고 심리적 여유를 만들어 주기 때문이다. 뉴트럴한 색감의 벽과 최소한의 가구, 그리고 작은 초록 식물 하나만으로도 충분하다. 바쁘게 움직이던 시선과 생각이 멈출 수 있도록 공간을 단순화해 보자.

촉각적 안락함도 중요하다. 멍때리기 위해서는 몸이 이완될 수 있는 환경을 조성해야 한다. 폭신한 의자나 빈백, 리넨 소재의 담요, 양털 러그 같은 부드러운 질감의 패브릭 소품들은 우리 뇌에 안전하다는 신호를 보내 준다. 햇살이 잘 드는 창가에 놓인 작은 의자 하나, 바닥에 깔린 방석, 맨발에 닿는 부드러운 러그, 포근한 담요…

이 모든 것이 나를 가만히 머무르게 하는 장치가 된다. 그 공간 안에서 우리는 서서히 배우기 시작한다. 아무것도 하지 않는 시간의 가치와 그 안에서 조용히 깨어나는 나 자신을. 결국 그런 순간들이 우리 삶을 조금씩 행복으로 물들여 줄 것이다.

'멍때리기'를 위한 작은 의식

✔ 몸과 마음 준비하기

• 편안한 옷 입기(조이는 옷 대신 헐렁하고 부드러운 소재의 옷 착용)

• 가볍게 스트레칭하기(어깨, 목, 허리 이완시키기)

• 깊게 숨 쉬기(천천히 세 번, 들이마시고 내쉬기)

✔ 자리 잡고 편안함 느끼기

• 가장 편한 자세 찾기(앉거나 눕거나 내 몸이 원하는 대로)

• 눈 감고 감각에 집중하기(공기, 온도, 옷의 감촉 느껴 보기)

• 몸의 무게 맡기기(의자나 바닥에 몸을 완전히 맡기고 이완시키기)

✔ 주변 환경 조율하기

• 소리 확인하고 적절하게 조절하기(가급적 조용한 환경을 조성하되, 너무 적막하다면 자

  연의 소리 살짝 틀기)

• 빛 조절하기(너무 밝지 않게, 부드러운 빛으로)

• 향기 더하기(디퓨저, 인센스, 좋아하는 향초 등을 살짝 피우기)

✔ 마음을 느슨하게 풀기

• '지금 이대로 괜찮아'라고 스스로에게 말해 주기

• 떠오르는 생각 그냥 두기(생각이 떠오르면 자연스럽게 흘려보내기)

• 시선 놓아두기(창밖, 벽, 손끝… 특별한 초점 없이 되는대로 바라보기)

Layer 3. 나만의 리커버리 스페이스 만들기

✔ 시간에 대한 강박 내려놓기

• 시계 안 보기(시간에 대한 걱정 내려놓기)

• 디지털기기 멀리 두기(메시지 알림에서 해방되기)

• 머물고 싶은 만큼 머물기(몇 분이든, 몇 시간이든 자유롭게)

✔ 작은 감사(인사)로 마무리하기

• 다시 몸을 천천히 깨우기(손, 발, 목 가볍게 움직이기)

• 고요했던 순간에 감사하기('이 시간을 가질 수 있어서 참 감사하다')

• 일상으로 자연스럽게 돌아가기(차 한잔을 마시거나 조용히 음악 듣기)

성공을 위한
나만의 '영감 공간' 만들기

우리가 꿈꾸는 행복은 안정과 평온에만 그치지 않는다. 불안하고 고통스럽더라도 원하는 목표를 향해 나아가고 있음을 실감할 때, 그 순간 우리는 또 다른 기쁨을 느낀다. 이제 마지막으로 일과 성공이라는 관점에서 공간 가꾸기에 대해 좀 더 이야기해 보려 한다.

성공한 사람들에게 공간이란, 사고를 정렬하고 창의력을 자극해 더 나은 결정을 내릴 수 있도록 도와주는 '생산성의 도구'이자 '영감의 파트너'이다. 그들은 알고 있다. 같은 자리에만 머물면 같은 생각만 떠오른다는 사실을. 창의적인 사람들은 물리적으로 공간을 바꿔 고정된 사고를 흔들고, 발상의 전환을 유도한다. 색상, 조명, 식물, 천장 높이처럼 작은 요소 하나도 얼마든지 우리의 사고 회로를 바꾸는 스위치가 될 수 있다. 그리고 때로는 공간 자체를 벗어나는 과감한 '이동'이 생각의 관성을 끊는 결정적 계기가 되기도 한다.

창의성을 자극하기 위한 공간 활용

심리학에서 잘 알려진 '두 줄 실험'에 관한 이야기를 해 보려 한다. 아무것도 없는 방에 두 개의 줄이 매달려 있고, 그중 하나를 잡은 채 다른 하나와 묶으라는 과제가 주어진다. 그런데 두 줄 사이의 거리가 멀어 한 손으로는 잡을 수 상황. 이때 피험자에게 가위를 주면 대부분은 줄을 자르는 쪽으로만 생각이 흐르고 만다. 하지만 망치

노먼 마이어Norman Maier가 1931년에 수행한 창의적 문제 해결에 관한 실험

를 주면 어떤 사람은 망치를 줄에 매달아 진자처럼 흔들어 줄이 되돌아오는 타이밍에 잡아 묶는 창의적인 방법을 떠올린다. 맨 처음 떠오른 생각의 틀에서 벗어나기 위해서는 새로운 시각이 필요하고, 그 시각은 종종 공간을 바꾸는 것에서 시작된다.

　빌 게이츠가 매년 가지는 '생각 주간' 역시 이와 닿아 있다. 그는 일정한 시기가 되면 조용한 별장으로 떠나 수십 권의 책을 읽고 그간의 생각들을 정리하며 미래를 설계한다. 일상에서 벗어난 공간은 그에게 단순한 휴식처가 아니라 새로운 발상을 위한 정신적 실험실인 셈이다. 실제로 빌 게이츠는 자택에도 대형 서재를 두고 끊임없이 아이디어가 순환할 수 있는 공간을 만들어 두었다고 한다. 이처럼 공간은 곧 생각의 촉매이다. 우리는 어떤 공간에 머무느냐에 따라 다른 감정을 느끼고 다른 생각을 떠올린다. 이런 이유로, 창의력을 높이고 싶다면 '공간설계'부터 다시 살펴봐야 한다. 창의성을 키우는 공간을 만들기 위해선 감각적, 심리적 요소를 모두 고려해야 한다.

　감각 중에서도 시각적 요소를 먼저 살펴보자면 컬러, 여백, 조도(밝기)가 무엇보다 중요하다. 너무 강렬한 시각 자극은 집중을 방해하지만 적절히 여백이 있는 공간은 생각이 자랄 수 있는 여지를 준다. 그 외로는 촉감과 체온을 안정시키는 요소들, 예컨대 천연 소재의 가구나 따뜻한 조명이 창조적 몰입을 도와준다. 심리적으로는 안전하고 포용감이 넘치는 분위기 속에서 자유로운 생각이 피어난다. '이 공간에서는 틀려도 괜찮아'라는 무언의 허용이 필요하다.

이런 창의적 공간은 자녀의 방에만 요구되는 개념이 아니다. 오히려 성인, 특히 창의성이 핵심역량인 직업군에 더 중요하다. 최근 기업들이 직원들을 위해 '영감 회의실' '휴식의 방' 등을 설계하고, 카페형 업무 공간이나 라이브러리를 만드는 이유도 여기에 있다.

개방감 있는 공간은 사고를 확장시킨다. 넓은 천장, 시야가 트인 창, 자연광이 드는 구조는 우리의 뇌가 더 자유롭고 유연하게 사고하도록 유도한다. 시각 자극이 적절히 분산되어 있을 때 뇌는 과도하게 긴장하지 않고, 아이디어를 더 창의적으로 연결하고 조합하는 능력을 발휘할 수 있다. 그러니 공간에 적절한 '여백'을 두자. 이 여백이 바로 생각이 머무를 틈이자, 창의적인 사고가 스며들 수 있는 공간이다.

(실천 가이드)

창의적 공간의 다섯 가지 특성

• 예측 가능한 안정감

너무 낯선 구조는 불안감을 유발하기만 한다. 인간은 어느 정도 익숙하고 안정감을 느끼는 공간에서 비로소 새로운 도전을 시도할 여유를 갖는다. '익숙함 속의 변화'가 창의력을 높이는 데 가장 이상적이다.

• 적당한 자극

다양한 질감의 소품, 식물, 창밖 풍경처럼 감각을 깨우는 자극은 뇌를 활성화시킨다. 단, 너무 과도해서는 안 된다.

• 놀이와 실험이 허용되는 유연성

책상과 가구의 배치가 고정되지 않고 바뀔 수 있는 구조, 재료를 꺼내 놓고 자유롭게 쓸 수 있는 공간은 '마음껏 시도해도 된다'라는 심리적 해방감을 준다.

• 자기표현이 가능한 공간

벽 한편에 붙인 메모, 스케치, 사진처럼 나의 생각이 공간에 드러나는 방식은 자기효능감을 높이고 창의성을 강화한다.

• 일시적 몰입을 허용하는 구석진 자리

때로는 '세상과 잠시 단절된 듯한 공간'이 깊은 몰입을 가능케 한다. 창가의 작은 책상, 다락방, 조용한 틈 같은 곳이 이에 해당한다.

높이를 바꿀 수 없다면 '넓게 보이도록' 설계하라

사람의 생각은 대개 자기가 서 있는 공간의 크기만큼만 확장된다. 좁고 답답한 공간에서 우리는 본능적으로 몸을 움츠린다. 목소리가 작아지고 말수도 줄고 시선은 한없이 바닥에 가까워진다. 반대로 천장이 높고 개방된 공간에 서면 가슴이 뻥 뚫리고, 생각이 멀리 뻗어 나간다. 마치 아이가 하늘을 올려다볼 때, 그 끝을 상상하며 마음이 자유로워지는 것처럼 말이다.

미국의 한 환경심리학 연구팀이 진행한 실험에서는 참가자들을 두 그룹으로 나누어 한쪽은 2.4미터의 낮은 천장, 다른 한쪽은 3미터 이상의 높은 천장 아래 공간에서 하루 동안 동일한 내용의 문제를 해결하도록 요청했다. 결과는 뚜렷했다. 천장이 높은 공간에 배치된 그룹이 창의적인 아이디어를 20퍼센트 이상 더 많이 낸 것이다. 이유는 단순했다. 개방감이 주는 심리적 확장감이 사고의 폭을 넓혔기 때문이다.

기업들은 이미 이 점을 잘 알고 있다. 구글은 전 세계에 사무실을 설계할 때 협력과 창의성을 극대화하기 위해서 공간설계에 의도적으로 높은 천고와 개방형 레이아웃을 도입했다. 애플 역시 유리벽과 높은 천장을 활용해 직원들이 마치 바깥세상과 연결되어 있는 듯한 개방감을 느끼게 공간을 설계한 바 있다. 메타는 오픈 플로어 플랜과 함께 천장을 높여 자유롭게 이동하고 소통할 수 있는 환경을 만들었다. 아마존의 시애틀 본사 '더 스피어스*The Spheres*'는 아예 돔형 유리 구조물 속에 실내 식물원을 조성해서 직원들이 자연과 함께 숨 쉬며 일할 수 있도록 했다.

하지만 우리의 현실은 녹록지 않다. 대부분의 사람들은 이미 지어진 공간 안에서 살아갈 수밖에 없으며 기존 구조의 제약 속에서 일상을 꾸려야 한다. 특히 도시의 아파트나 사무실 공간처럼 천장의 높이가 정해진 공간에선 물리적으로 더 넓히거나 높이는 변화를 주기는 어렵다. 하지만 그렇다고 해서 체념할 필요는 없다. 우리는 인간의 지각 특성을 이해함으로써 공간을 '다르게 느끼도록' 만들 수 있다. 그것이 바로 공간 착시 전략이다. 다음의 네 가지 원칙만 기억한다면, 물리적 변화는 어렵더라도 심리적 개방감을 주는 설계는 충분히 가능하다.

실천 가이드

물리적 변화 없이 공간을 넓어 보이게 만드는 착시 전략 네 가지

• 가구는 '높이'보다 '너비' 중심으로 배치하라

좁고 답답한 느낌은 공간의 면적이 아닌, 답답하게 쌓여 있는 물건과 그로 인한 '여백 없음' 때문에 발생한다. 가구를 높게 쌓거나 벽을 가득 채우는 방식으로 배치하면 천장이 더 낮게 느껴지는 법이다. 반대로 낮고 넓게 퍼지는 가구는 시선을 수평으로 펼쳐 주고 공간의 압박을 덜어 내는 효과가 있다. 예를 들어 천장까지 닿는 높은 책장을 설치하기보다 무릎 높이 정도의 낮은 수납장을 놓고 그 위를 비워 두면 벽면이 더 길고 넓게 느껴진다. 소파나 테이블도 마찬가지이다. 낮고 너비가 있는 가구는 전체적으로 시선을 편안하게 펼쳐 줌과 동시에 벽과 천고가 높아 보이도록 해 준다.

• 여백은 천고를 높아 보이게 하고 시야를 시원하게 틔워 준다

사방이 둘러싸인 느낌은 심리적으로 압박감과 긴장감을 주기 마련이다. 가구를 배치할 때는 모든 벽면을 다 채우기보다는 일부를 의도적으로 비워 두거나 한쪽 벽을 완전히 비워 그 위에 밝은 색 그림이나 거울을 걸어 두는 편이 좋다. 그 여백은 그저 '빈 공간'이 아니라 심리적으로 '숨 쉴 수 있는 여지'를 제공하는 중요한 장치가 된다. 우리는 종종 꽉 찬 공간보다 적절히 비워진 공간에서 더 편안함을 느낀다. 그 여백이 감정의 환기구 역할을 하기 때문이다.

• 색은 벽과 천장에 자연스러운 착시를 만든다

색감은 시각적 착시를 만드는 데 가장 강력한 도구다. 밝은 톤의 벽면과 천장은 빛을 반사시켜 공간을 더 넓어 보이게 만든다. 특

히 세로 스트라이프 패턴은 시선을 위로 끌어 올려 천장이 높아 보이는 효과가 있다. 벽면이 어둡고 천장이 밝으면 시선이 위로 열려, 자연스럽게 공간이 탁 트인 듯한 느낌을 준다. 또한 바닥에서 천장까지 연결되는 긴 커튼을 설치하면 공간의 수직선을 강조해 시선을 위로 유도할 수 있다. 이런 식으로 시선이 위를 향하게 되면 우리는 자연스럽게 개방감을 느끼게 된다. 답답한 공간에 오래 머물면 기분까지 가라앉지만, 높고 밝아 보이는 공간은 생각과 기분을 함께 끌어 올린다.

• 조명은 '빛의 방향'을 고려하라

대부분의 조명은 천장에 부착되어 아래를 향한다. 하지만 좁고 낮은 공간에서는 천장을 향해 비추는 간접조명이 훨씬 효과적이다. 간접조명은 천장을 부드럽게 밝히는 동시에 빛의 퍼짐이 벽과 천장을 더 멀어 보이게 만든다. 벽등이나 플로어 램프를 활용해 공간 구석구석을 부드럽게 밝혀 주면 전반적으로 공간이 밝고 넓게 느껴진다. 그리고 이는 단지 시각적 편안함을 넘어서 우리 뇌에 '안정'과 '확장'의 신호를 준다.

데스크테리어 실천법

우리는 생각보다 많은 시간을 책상 앞에서 보낸다. 그곳이 '일을 처리하는 자리'에 그치느냐 아니면 나만의 집중과 몰입, 창조와 성취의 기지가 되느냐는 그 공간을 어떻게 다루느냐에 따라 달라진다. '데스크테리어*Deskterior*'란 책상*Desk*과 인테리어*Interior*를 합친 말로, 말 그대로 책상을 나에게 맞게 꾸미는 행위를 뜻한다. 그러나 여기서 말하는 데스크테리어는 단순한 장식의 의미를 넘어선다. 성공과 성장에 최적화된 심리적 환경을 설계하는 과정. 책상이라는 작은 공간을 내가 집중하고 몰입할 수 있는 공간으로 만듦으로써 변화의 출발점으로 삼는 것이다.

30대 중반의 창업자 L 씨는 사업 초반 온갖 일을 병행하며 스트레스에 지쳐 갈 때 '내가 일하는 환경부터 바꾸자'라는 생각을 하게 되었다. 그는 창가 옆 작은 책상 위에 필요한 것만 남기고 모두 치웠고, 아침에는 무조건 그 자리에서 하루의 계획을 세우는 루틴을 만들고 지켰다. 처음에는 단순히 정리를 위한 행위였지만 점점 그 공간은 그의 의식을 '작업 모드'로 전환시키는 마법 같은 장소가 되었다.

데스크테리어는 '정리'에서 시작된다. 사용하지 않는 물건, 방해 요소, 눈에 띄는 잡동사니부터 하나씩 덜어 내 보자. 디지털 디톡스도 큰 도움이 된다. 하루 중 몇 시간은 스마트폰, 워치, 노트북 등의 알람을 꺼 두고 오롯이 자기 자신에게 집중하는 시간을 확보해 보자.

책상 위와 머릿속이 동시에 정돈되는 경험, 공간의 질서가 마음의 질
서로 이어지는 경험을 하게 될 것이다.

그다음은 '의미 있는 채움'의 시간이다. 좋아하는 색의 메모
지, 글쓰기 좋은 펜, 영감을 주는 문구 하나, 작은 식물이나 조명처럼
나를 기분 좋고 편안하게 만드는 요소들을 하나씩 더해 본다. 이는
단순한 장식이 아니라 나 자신에게 보내는 메시지이다. '넌 중요한
일을 할 수 있어' '여기서 시작하면 잘될 거야'… 그렇게 반복된 긍정
은 습관이 되고, 습관은 자신감을 낳는다.

삶을 바꾸고 싶다면 오늘 책상 위를 한번 들여다보자. 무엇이
지금 나를 방해하고 있는지, 또 무엇이 나를 도울 수 있을지를 생각
하면서. 작은 공간이지만 그 안에는 지금의 나와 앞으로의 내가 만나
는 가장 밀도 높은 접점이 있다. 책상 위 한 뼘의 변화가 당신의 인생
방향을 다시 정렬해 줄지도 모른다.

데스크테리어, 이것만 기억하세요

• 집중력을 높이기 위한 기본 정리와 환경 구성

인체공학적 가구 선택: 편안한 의자와 적절한 높이의 책상을 배치하면 장시간 업무에도 피로를 최소화할 수 있다.

• 개인 취향과 동기부여 요소를 적절히 반영할 것

영감을 떠오르게 하는 소품: 좋아하는 문구, 성공 관련 사진, 비전 보드 등을 책상 위 혹은 책상 근처에 배치해 본다.

개인적인 감성 추가하기: 소중한 기념품이나 가족, 친구와의 추억이 담긴 사진 같은 작은 소품을 장식해 본다.

동기부여 메시지: 긍정 확언이나 목표를 적은 메모지, 포스트잇 등을 붙여 본다.

• 심리적 안정을 위한 편안한 분위기 조성

식물 배치: 작은 화분이나 다육식물로 작업 공간에 생기와 자연의 에너지 불어넣을 수 있다.

자연광 활용: 가능한 한 창문 근처에서 작업하거나, 인공조명을 활용해 자연에 가까운 빛을 연출하면 눈의 피로를 줄이고 집중력

을 높일 수 있다.

아로마와 향기: 집중력을 높이는 아로마 오일이나 향초로 기분 전환을 도모한다.

• 효율성과 창의력 극대화

업무 구역 분리: 작업, 창의 활동, 휴식 등 용도별로 구역을 구분해 배치해 본다.

도구와 기술 활용: 디지털 캘린더, 업무 리스트, 타이머(뽀모도로 기법) 등의 도구를 활용해 작업의 효율을 높인다.

조명 최적화: 집중을 돕는 밝은 조명과, 휴식에 적절한 부드러운 조명을 때에 따라 선택해 분위기를 전환해 본다.

• 색상과 소리의 활용

조화로운 색상: 파스텔 톤, 블루, 그린 계열의 차분한 컬러는 작업 시 집중력을 높여 준다.

배경 음악: 클래식이나 재즈, 자연의 소리를 배경음악으로 틀어 두면 집중력 향상에 도움이 된다.

나만의 창의적인 영감 공간,
지금부터 만들 수 있다

우리는 대개 '창의성'을 천재들의 전유물이라고 여긴다. 나 역시 무언가 새롭고 독창적인 일을 해내는 사람은 특별한 두뇌를 타고났을 거라 생각했고, 아이디어가 넘치는 사람은 애초에 재능이 있는 사람이라고 믿었다. 하지만 시간이 지나면서 알게 되었다. 창의성은 단지 타고난 자질이 아니라 어떤 환경에 노출되었고, 어떤 분위기에서 자랐으며 무엇을 보고 듣고 느끼며 스스로에게 얼마나 안전한 감각을 허락해 왔는지에 달린 문제였음을 말이다.

어릴 적, 나는 나만의 비밀 공간이 있었다. 비밀 공간이라고 해도 거창한 건 아니고, 할머니 댁 안방 옆에 있는 작은 다용도실이었다. 그곳에서는 묵은 냄새가 났고 벽지는 오래돼 벗겨졌으며 손때 묻은 장롱과 방치된 전기난로가 놓여 있었다. 하지만 나는 그곳에 들어가 앉아 있을 때마다 이상하게도 머릿속이 맑아졌고 세상에 하고 싶은 말이 가득해졌다. 남몰래 쓴 시를 접어 벽 틈에 끼워 두기도 했고, 상상 속의 왕국을 그려 놓고는 나 혼자 주인공이 되어 놀기도 했다. 그 작은 공간이 어쩌면 내 최초의 '영감 공간'이었는지도 모르겠다.

어른이 된 지금, 아이디어는 더는 놀이가 아니라 생존의 수단이 되었다. 창의성은 경쟁력이 되었고 창의적인 생각이 나오지 않으면 무능하다는 평가를 받기도 한다. 그럴수록 우리는 더 긴장하게 된다. '좋은 아이디어를 떠올려야 한다'라는 압박은 오히려 생각을 한정된 틀에 가둔다. 그럴수록 우리에겐 내가 어릴 적 자주 놀러 갔던 그 다용도실처럼 생각이 마음껏 흐를 수 있는 공간이 필요하다.

창의성은 결국 마음의 상태에 따라 그 발현 정도가 달라진다. 틀려도 괜찮다고 느끼는 안전함, 정답이 아니어도 시도해 볼 수 있는 여유, 멈춰 있어도 괜찮다는 자기수용… 창의성은 이 같은 감각이 허락되는 공간에서 저절로 깨어난다. 심리학자 칼 로저스는 "창의성은 자유로움 속에서 피어난다"라고 말했다. 자유로움은 무조건적인 수용에서 시작된다. 그리고 그런 수용은 누군가에게서 오는 것이 아니라 결국 자신이 머무는 환경에서 조용히 형성된다.

창의적인 생각을 떠올리고 싶다면 무엇보다 먼저 '나는 어디서 마음이 편안한가?'를 물어야 한다. 공간은 감정에 영향을 준다. 조명은 따뜻한지, 소리가 너무 크지는 않은지, 책상은 창을 향해 있는지, 그 옆엔 좋아하는 물건이 놓여 있는지… 사소해 보여도 이 같은 요소들은 뇌의 감정 중추와 연결돼 내면의 심리를 조용히 흔들어 깨운다. 공간의 전환이 사고의 전환에도 영향을 준다는 사실은 뇌과학을 비롯해 이미 여러 연구에서 증명된 바 있다. 우리가 산책 중 좋은 아이디어를 떠올리거나, 카페에서 오히려 집중이 잘되는 경험을 하는 이유도 바로 이 때문이다. 공간이 달라지면 주의가 환기되고, 우리의 인지 시스템은 새로운 연결을 만들어 낸다.

그러니 이제는 발상을 바꿔야 한다. '좋은 아이디어를 어떻게 떠올릴까?'가 아니라 '좋은 아이디어를 부르는 공간은 어떻게 만들 수 있을까?'로 말이다. 중요한 것은 이 공간이 '완성형'일 필요가 없다는 점이다. 영감 공간은 당신이 '지금 여기에 있다'라고 느낄 수 있도록 돕는 곳이면 충분하다. 잠시 멍하게 창밖을 내다볼 수 있는 곳, 생각을 끄적일 수 있는 여유가 허락된 자리. 이 두 조건이 충족될 때 비로소 우리는 '나만의 창의성'을 다시 만날 수 있게 된다. 지금 주변을 천천히 둘러보자. 생각이 숨 쉴 수 있는 자리가 있는가? 마음이 머물러도 되는 여백이 남아 있는가? 지금, 이 순간부터 나만의 아이디어를 맞이할 준비를 시작해도 늦지 않았다.

어떻게 나를
사랑할 것인지에 대한 이야기

우리는 늘 어딘가에 머무르고 있다. 침대 위에서 하루를 마무리하거나 부엌에서 커피를 내리며 아침을 시작하고 책상 앞에서 무언가를 쓰거나 읽으며 오늘을 살아 낸다. 어쩌면 우리는 시간보다 공간 속에 더 오래 머무르는지도 모른다. 그런 공간이 우리에게 어떤 감정을 느끼게 하고 어떤 생각을 품게 하느냐에 따라 삶의 결이 달라질 수 있다는 사실은 생각보다 더 중요하다. 공간은 단순한 배경이 아니다. 우리가 어떻게 살아가고 있는지, 어떤 마음으로 하루를 보내고 있는지 조용히 말해 주는 거울과도 같다. 아무렇게나 던져 놓은 옷가지, 쌓여 있는 설거지, 햇살을 막고 있는 커튼… 그 모든 것들은 내가 나를 얼마나 돌보고 있는지를 은근하면서도 분명히 드러낸다. 반대로 책상이 정돈되어 있고 좋아하는 향초에 불이 켜져 있으며 식탁 위에 작은 꽃병 하나가 놓여 있다면, 우리는 그 공간을 통해 나를 존중하고 있다는 메시지를 무의식적으로 주고받고 있는 것이다.

이 책은 공간과 감정에 관한 이야기를 담고 있다. 익숙하고도 사적인 장소들이 우리에게 정서적으로 어떤 영향을 주고, 어떻게 회복과 영감의 원천이 될 수 있는지를 말하고자 했다. 어쩌면 이것은 단지 집 안의 구조나 인테리어에 관한 이야기가 아니라 '어떻게 나를 사랑할 것인가'에 대한 이야기였는지도 모른다.

공간을 돌보는 일은 곧 자기 자신을 돌보는 연습이다. 책상을 정리하는 사소한 행동, 좋아하는 색으로 벽을 칠하는 선택, 쓸모없는 물건을 정리하며 여백을 남기는 용기… 이 모든 것이 '나는 이 삶을 소중하게 여기고 있어요'라는 조용한 선언이다. 아무도 알아차리지 못해도 괜찮다. 그 순간만큼은 내가 나를 알아주고 있으니까. 공간을 가꾸는 일은 완벽함을 향한 경주가 아니다. '오늘도 어질러졌네' 하고 실망할 필요도 없다. 오히려 그런 날일수록 작은 정돈 한 번, 창을 여는 행위 하나가 큰 전환이 될 수 있다. 중요한 것은 공간과 내가 연결되어 있다는 감각을 되찾는 일, 그리고 그 공간이 나를 지지하고 있다는 믿음을 키우는 일이다.

가장 아름다운 공간은 누군가에게 보여 주기 위해 꾸며진 공간이 아니라 나를 더 잘 이해하고 내 삶을 존중하기 위해 만들어진 공간일 것이다. 당신이 그런 공간을 하나둘 가꾸어 갈 수 있기를, 그 공간에서 위로받고 용기를 얻을 수 있기를 진심으로 바란다. 그곳이 비록 작고 소박하더라도 당신에게는 세상에서 가장 강력한 회복의 장소가 될 수 있다.

공간은 늘 우리 곁에 있다. 우리가 마음을 쓰는 만큼, 애정을 쏟는 만큼 그 공간은 다시 우리에게 응답한다. 무심히 지나쳤던 자리에 햇살이 스며들고, 기억 속의 향기가 퍼지고, 오래된 물건에 따뜻한 감정이 담길 때, 우리는 알게 된다. '아, 이 공간이 나를 안아 주는구나' 하고. 삶은 언제나 예기치 못한 방향으로 흘러간다. 그 안에서 우리가 붙잡을 수 있는 작은 안정감은 많지 않다. 하지만 자신만의 공간은 그런 불확실한 세상 속에서 나를 지켜 주는 은신처가 된다.

이 책을 덮는 지금, 당신의 마음에 떠오르는 공간이 하나 있다면 그곳에서부터 나만의 회복 공간을 만들어 보자. 작은 변화 하나가 당신의 마음과 일상을 바꾸는 시작점이 될 수 있을 것이다. 공간을 돌보는 순간들이 곧 자기 자신을 사랑하는 시간으로 이어지기를, 그리고 그 사랑이 당신 삶의 모든 방향으로 퍼져 나가기를 진심으로 응원한다.

집을 나만의 에너지 충전소로 만드는 법

오늘을 다르게 살고 싶어서, 공간을 바꿉니다

1판 1쇄 인쇄 2026년 4월 1일
1판 1쇄 발행 2026년 4월 8일

지은이 윤주희
펴낸이 고병욱

기획편집2실장 김순란　**기획편집** 권민성 조상희
마케팅 안선욱 황혜리 황예린 권묘정 이보슬　**디자인** 공희 백은주
제작 김기창　**관리** 주동은　**경영지원** 노재경 송민진

펴낸곳 청림출판(주)
등록 제2023-000081호

본사 04799 서울시 성동구 아차산로17길 49 1010호 청림출판(주)
제2사옥 10881 경기도 파주시 회동길 173 청림아트스페이스
전화 02-546-4341　**팩스** 02-546-8053

홈페이지 www.chungrim.com　**이메일** life@chungrim.com
인스타그램 @ch_daily_mom　**블로그** blog.naver.com/chungrimlife
페이스북 www.facebook.com/chungrimlife

ⓒ 윤주희, 2026

ISBN 979-11-93842-65-2 03590

"지금의 나는,
지금의 공간만큼 살아간다"

매일의 일상 속에서 나만의 리커버리 스페이스를 만드는 법

공간을 돌보는 일은 곧 나를 돌보는 일이다. 불필요한 물건을 비워 내고 필요한 것들을 자리에 놓는 그 단순한 행동 속에서 우리는 자신에게 가장 필요한 질문을 던지고 또 가장 솔직한 답을 발견하게 된다. 이 책은 그런 이야기이다. 무너진 마음을 다시 일으킨 공간, 상처받은 기억을 위로한 자리, 그리고 나를 다시 사랑할 수 있게 해 준 나만의 작은 세계에 관한 이야기이다. 이제 당신의 공간을 들여다보기를 바란다. 그곳에 나의 마음이 있고, 나의 미래가 있으며, 그리고 나 자신이 있다.

_본문에서

"오늘도 집에서 나를 충전합니다"

ISBN 979-11-93842-65-2 (03590)
값 18,000원

RECOVERY SPACE